U0160053

弘深·科学技术文库

电机理论与电磁场仿真分析

/

Theory of Electrical Machines and Simulation Analysis of Electromagnetic Field

邱洪波 著

重庆大学出版社

内容提要

电机是进行电能生产、使用和电能特性变换的装置，是工业、农业、交通运输、国防及人们日常生活中常用的重要设备。

本书是作者结合工程实践、科学研究以及相关教学的总结，共分为8章，涵盖了电机工程实践环节的设计、仿真以及相应的研究成果，全书由工程仿真的具体案例和作者发表的论文组成。

本书适合工科电气工程、电机与电器方向的老师和学生科研教学使用，可以作为电机设计者、开发者、电气工程师以及从事电机技术领域科研人员的参考书籍。

图书在版编目(CIP)数据

电机理论与电磁场仿真分析 / 邱洪波著. -- 重庆 : 重庆大学出版社, 2022.4

ISBN 978-7-5689-3224-0

Ⅰ. ①电… Ⅱ. ①邱… Ⅲ. ①电机学②电磁场—计算机仿真 Ⅳ. ①TM3②O441.4

中国版本图书馆 CIP 数据核字(2022)第059677号

电机理论与电磁场仿真分析

DIANJI LILUN YU DIANCICHANG FANGZHEN FENXI

邱洪波　著

策划编辑：杨粮菊

责任编辑：文　鹏　　版式设计：杨粮菊

责任校对：谢　芳　　责任印制：张　策

*

重庆大学出版社出版发行

出版人：饶帮华

社址：重庆市沙坪坝区大学城西路21号

邮编：401331

电话：(023) 88617190　88617185(中小学)

传真：(023) 88617186　88617166

网址：http://www.cqup.com.cn

邮箱：fxk@cqup.com.cn (营销中心)

全国新华书店经销

重庆升光电力印务有限公司印刷

*

开本：720mm×1020mm　1/16　印张：14.75　字数：212千

2022年4月第1版　2022年4月第1次印刷

ISBN 978-7-5689-3224-0　定价：88.00元

前言

电机作为机电能量转换的重要装置，是电气传动的基础部件，具有应用领域广泛、产品品种众多、规格繁杂等特点。作为工业社会中的基础产品，电机几乎渗透到了国民经济的各个领域，已经成为工业、农业、国防建设以及人民生活正常进行的重要保证。为了进一步提升工业生产运行的可靠性，需要对各类电机产品的运行性能进行计算分析。本书结合工程实践经验，尽可能详细地展示各类电机产品的仿真计算流程，对电机的性能参数进行分析，给出各类电机产品在设计分析过程中的一般规律，为电机设计提供参考。

本书内容力求反映作者多年来在电机领域中的工程实践、科学研究以及相关的教学成果。全书共分为8章。第1章论述了电机的发展历史及现状，对电机常用材料、电磁场仿真技术等进行了介绍。第2章、第3章介绍了感应电机的基本理论，给出了感应电机仿真分析方法及具体过程，并将有限元计算结果与实验数据进行了对比，在此基础上，对感应电机分裂绕组进行了重点分析与研究。第4章、第5章围绕永磁电机进行了性能仿真计算，结合有限元计算方法分析了材料对电机性能的影响，并对分数槽集中绕组永磁电机的电抗参数特殊性展开了研究。第6章、第7章结合实验数据对自起动永磁电机的性能进行了计算与分析，研究了电机不同绕组设计参数以及电压不平衡对电机性能的影响。第8章针对轴径向磁通混合励磁电机性能进行了分析和优化，重点研究了电机调磁敏感性因素。

本项研究工作得到了“国家自然科学基金项目”（编号U2004183）、“河南省科技攻关项目”（编号202102210100）、“郑州轻工业大学重点学科建设资助项目”的资助，在此表示衷心的感谢。本书在撰写过程中，还得到了研究生梁广川、朱志豪、何坤、张钰清、王坤、刘紫阳、于文超、马晓璐、张凯、胡凯强、张书博的协助，没有他们的帮助，本书难以及时完成，因此从某种意义上说，他们也是本书的作者。

本书在写作过程中参考了大量的文献资料，对引用的资料已尽可能地列在本书最后，但其中难免有遗漏，在此特向被漏列参考文献的作者表示歉意，并向所有作者表示诚挚的感谢。由于作者的学识有限且时间紧迫，书中内容难免有局限、欠缺、疏漏、不当和错误之处，敬请有关专家和各位读者对本书给予批评、指正。

编　者

2021年12月

目录

第1章 绪论

1.1 电机概况及发展方向

1.1.1 电机的定义

广义角度，电机泛指所有进行电能生产、传输、使用和电能特性变换的机械或装置，是工业、农业、交通运输、国防及日常生活中常用的重要设备。

电机学中所说的电机，是指依靠电磁感应原理而运行的电气设备，用于机械能和电能之间的转换、不同形式电能之间的变换，或者信号的传递与转换。这种定义更加注重理论体系，重点在于电磁感应理论在电机中的应用，因此涵盖了变压器、直流电机、异步电机、同步电机等内容。

通常所谓的电机,主要指利用电磁感应原理能够持续进行机电能量转换的电气设备,例如各种类型的发电机、电动机等。

1.1.2 电机的作用和地位

在自然界各种能源中,电能具有大规模集中生产、远距离经济传输、智能化自动控制的突出特点,它不但成为人类生产和生活的主要能源,而且对近代人类社会的发展起到了重要的推动作用。作为电能生产、传输、使用和电能特性变换的核心装备,电机在现代社会各行业和部门中发挥着重要作用,主要包含以下四个方面:

(1)用于电能的生产、传输和分配

产生电能的方式有很多,绝大部分都需要用到发电机,而电能的传输和分配离不开变压器。发电机和变压器是发电厂和变电站的主要设备,而发电机和变压器都属于电机,所以说电机是电能生产、传输和分配的主要设备。

(2)驱动各种生产机械和设备

在各种工业企业中,绝大多数都要用电动机作为原动机驱动各种生产机械设备,只要是需要转动的机械和装置,基本都需要电动机进行驱动。

(3)用于自动控制系统中的执行结构

控制电机的应用范围十分广泛,从与人们生活密切相关的家电产品到办公机械的自动控制系统;从机床加工过程的自动控制到火炮、船舰、飞机的自动操作等都需要用到各种各样的控制电机类元件及其机电结合体。

(4)用于实现预定功能的机电一体化系统

随着电机的发展,现代电机逐渐成为机电一体化系统,除了提供动力、实现运动控制外,还有自适应、自学习、自保护等功能,不再只是一个简单独立的部分。

电机的地位可以根据电机的作用来体现,单从驱动各种生产机械和设备来看,电机在各类工业生产中是不可或缺的。一个现代化的大中型企业,通常要装备几千乃至几万台不同类型的电动机,各个现代化工业的运转都离不开电机,电机在国民经济中占有十分重要的地位。

此外,机电设备的消费与经济发展水平密切相关,西方发达国家每个家庭平均拥有 80～130 台微特电机,我国大城市家庭平均拥有量大约为 30～60 台。家庭生活中很多地方都会用到电机,例如空调、冰箱、洗衣机、油烟机、电扇、吸尘器、电动剃须刀、电吹风、豆浆机、破壁机、空气净化器、洗碗机、电动牙刷等电器,拥有电机的数量也在一定程度上反映了家庭生活水平。电机发展到今天,早已成为提高生产效率和科技水平以及提高生活质量水平的主要载体之一。

除此之外,还可以通过电机在电力系统中的应用来概括电机的地位,电力系统中有五个主要环节分别为发、输、变、配、用,电机至少要占到四个环节(发、变、配、用)。电力系统中的发电环节需要用到发电机,发电厂是电能生产的源头,它的作用主要是实现煤炭、水力等一次能源向电能的转化。我国的主要发电形式是火力发电和水力发电,这都需要汽轮机或者水轮机带动发电机进行发电,发电机是电力系统中发电环节的重要设备;在变电和配电的过程中需要用到变压器,电力变压器分为升压变压器和降压变压器,变压器可以使电能经济高效地传输和使用,电机在电力系统中发挥的作用如图 1.1 所示。

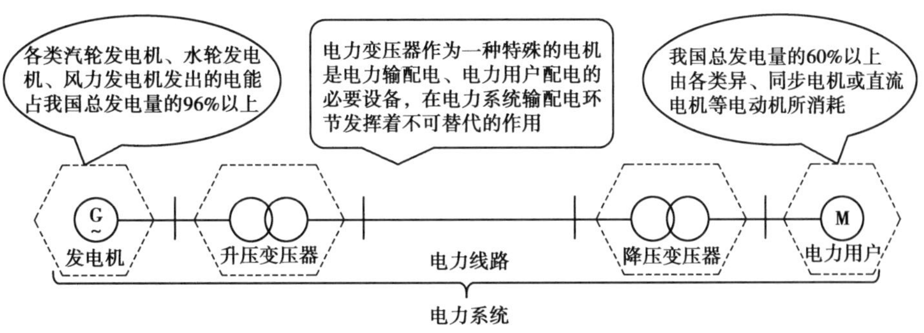

图 1.1　电机在电力系统中的作用

总之,无论从电机的作用还是从电力系统来分析,电机在人们的日常生活、国民经济、国防以及科技领域中都起着无可代替的作用,电机已成为电力工业的基础以及支撑现代生活的重要支柱。

1.1.3 电机的分类

电机应用广泛、种类繁多、性能各异，分类方法也很多。不同的分类原则，对应不同的电机类别。大部分电机学教材都从电机理论体系上进行分类，首先按照运动状态可以分成静止和运动两类，静止的有变压器，运动的有直线电机和旋转电机；对于旋转电机，按照电源性质又可分为直流电机和交流电机两种；而交流电机按照运行速度与频率的关系又可分为异步电机和同步电机两大类，如图 1.2 所示。

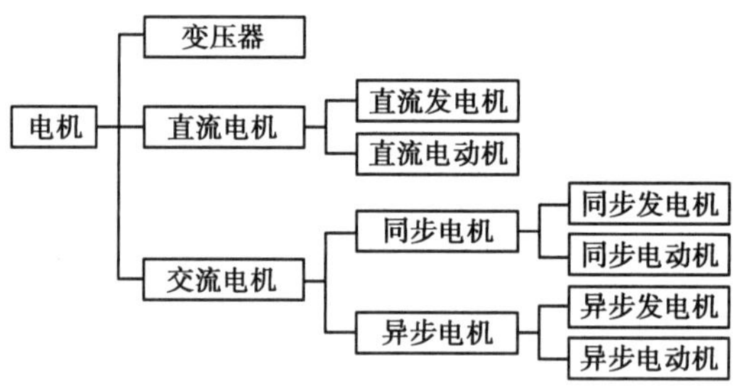

图 1.2 电机的常用分类

该分类方法也充分体现了电机理论学习由简单到复杂的学习过程，由静止的变压器学习到工作原理相对简单的直流电机，最后是电磁场耦合相对复杂的交流电机，大多数电机学教材也是按照这个思路进行编排。除此之外，由于分类方法很多，也很难将分类一一列举，为了方便读者对电机分类有整体了解，本书重点按照电机的输入输出性质、工作原理及结构特点、工作环境及要求进行分类，如图 1.3 所示。

电机的分类原则					
输入输出性质		工作原理及结构特点		工作环境及要求	
能量变换原则	发电机、电动机、变压器	工作原理	同步电机、异步电机	冷却形式	风冷、水冷、油冷、氢冷
工作电源相数	单相电机、三相电机、多相电机	发电机主极结构	凸极发电机、隐极发电机	防护类型	防护式、封闭式、密封式
电源类别	交流电机、直流电机	异步电机转子结构	笼形转子、绕线式、实心式	绝缘材料耐热等级	A 级、E 级、B 级、F 级、H 级等
输出机械形式	旋转电机、直线电机	直流电机励磁形式	并励、串励、复励、他励	电机防尘等级	IP0X—IP6X 级
输出转速	高速电机、低速电机、调速电机	电机旋转部件	旋转电枢式、旋转磁极式	电机防水等级	IPX0—IPX8 级
电机容量及尺寸	大型电机、中型电机、小型电机	同步电机励磁方式	电励磁式、永磁体式	电机能效等级	IE1、IE2、IE3、IE4 等
电压等级	高压电机、低压电机	永磁电机转子磁路结构	表面式、内置式	电机安装方式	立式、卧式、立卧两用式
同步电机用途	发电机、电动机、补偿机	同步电动机工作原理	永磁式、磁阻式、磁滞式	电机工作制	S1—S10

图 1.3　电机的分类

1.1.4　电机的型号与工作制

1) 电机型号

电机产品型号由产品代号、规格代号、特殊环境代号和补充代号等四个部分组成。它们的排列顺序为：

产品代号—规格代号—特殊环境代号—补充代号。

(1)产品代号

产品代号由电机类型代号、电机特点代号、设计序号和励磁方式代号等组成。

①电机类型代号是表征电机的各种类型而采用的字母。

例如:异步电动机 Y;同步电动机 T;同步发电机 TF;直流电动机 Z;直流发电机 ZF。

②电机特点代号表示电机的性能、结构或用途,也采用字母表示。

例如:隔爆型异步电机 YB;轴流通风机用异步电机 YT;电磁制动式异步电机 YE;变频调速式异步电机 YVP;起重机用异步电机 YZD 等。

③设计序号指电机产品设计顺序,用阿拉伯数字表示。对第一次设计的产品,不标注设计序号。

(2)规格代号

规格代号采用中心高(毫米)、机座号、机座长度、铁芯长度、功率、转速、极数、频率等参数表示。

①中心高(H)表示电机轴心到机座底角面的高度;根据中心高的不同可以将电机分为大型、中型、小型和微型四种:H 在 45 ~ 71 mm 的属于微型电动机;H 在 80 ~ 315 mm 的属于小型电动机;H 在 355 ~ 630 mm 的属于中型电动机;H 在 630 mm 以上的属于大型电动机。

②机座长度用国际通用字母表示:S—短机座;M—中机座;L—长机座。

③极数分 2 极、4 极、6 极、8 极等。

(3)特殊环境代号有如下规定:

高原用 G;

船海用 H;

户外用 W;

化工防腐用 F;

热带环境用 T;

湿热带环境用 TH;

干热环境用 TA。

如果同时具备一个以上的特殊环境条件,按从上到下的顺序排列。

例如,产品型号为 YB2-132S-4H 的电动机各代号的含义为:

Y:产品类型代号,表示异步电动机;

B:产品特点代号,表示隔爆型;

2:产品设计序号,表示第二次设计;

132:电机中心高,表示轴心到地面的距离为 132 mm;

S:电机机座长度,表示短机座;

4:极数,表示 4 极电机;

H:特殊环境代号,表示船用电机。

2)感应电动机工作制

电机工作制是对电机承受负载情况的说明,包括起动、制动、负载、空载、断能停转以及这些阶段的持续时间和先后顺序。工作制分为以下 10 类:

S1(连续工作制):在恒定负载下的运动时间足以使电机达到热稳定。

S2(短时工作制):在恒定负载下按给定的时间运行。该时间不足以使电机达到热稳定,随后断能停转足够时间,使电机再度冷却到与冷却介质温度之差在 2 K 以内。

S3(断续周期工作制):按一系列相同的工作周期运行,每一周期包括一段恒定负载运行时间和一段断能停转时间;这种工作制中每一周期的起动电流不会对温升产生显著影响。

S4(包括起动的断续周期工作制):按一系列相同的工作周期运行,每一周期包括一段对温升有显著影响的起动时间、一段恒定负载运行时间和一段断能停转时间。

S5(包括电制动的断续周期工作制):按一系列相同的工作周期运行,每一周期包括一段起动时间、一段恒定负载运行时间、一段快速电制动时间和一段断能停转时间。

S6(连续周期工作制):按一系列相同的工作周期运行,每一周期包括一段恒定负载运行时间和一段空载运行时间,无断能停转时间。

S7(包括电制动的连续周期工作制):按一系列相同的工作周期运行,每一周期包括一段起动时间、一段恒定负载运行时间和一段电制动时间,无断能停转时间。

S8(包括变速变负载的连续周期工作制):按一系列相同的工作周期运行,每一周期包括一段在预定转速下恒定负载运行时间和一段或几段在不同转速下恒定负载运行时间(例如变极多速感应电动机),无断能停转时间。

S9(负载和转速非周期变化工作制):负载和转速在允许的范围内非周期变化。这种工作制包括经常性过载,数值可远远超过基准负载。

S10(离散恒定负载工作制):包括不少于 4 种离散负载值(或等效负载)的工作制,每一种负载的运行时间应足以使电机达到热稳定,在一个工作周期中的最小负载值可为零。

工作制类型除用 S1—S10 相应的代号作标志外,还应符合下列规定:

对 S2 工作制,应在代号 S2 后加工作时限;S3 和 S6 工作制,应在代号后加负载持续率。例如:S2—60 min、S3—25%、S6—40%。

对 S4 和 S5 工作制应在代号后加负载持续率、电动机的转动惯量和负载的转动惯量,转动惯量均为归算至电动机轴上的数值。

对 S7 工作制,应在代号后加电动机的转动惯量和负载的转动惯量,转动惯量均为归算到电动机轴上的数值。

对 S10 工作制,应在代号后标以相应负载及其持续时间的标称值。

1.1.5 电机中常用的材料

电机常用材料包括导电材料、导磁材料、绝缘材料、结构件材料。不同材料的工作温度、稳定性、散热性能等特性不同,对电机的性能也会产生影响。

1)导电材料

(1)绕组

电机绕组用的导电金属主要是高纯度的铜和铝(铝绕组在新中国成立初期由于铜资源相对匮乏而广泛采用)。为适应匝间绝缘的需要,绕组用的铜大多制成表层有绝缘层的导线,称为电磁线。电磁线种类很多,按其截面形状,可分为圆线、扁线和带状导线;按其绝缘层的特点和用途,可分漆包线、绕包线和特种电磁线等。

①漆包线由导体和绝缘层两部分组成,裸线经退火软化后,再经过多次涂漆,烘焙而成。漆包线按照最高允许工作温度分为表1.1所示的几个等级。

表1.1 漆包线绝缘耐温等级

耐温等级	Y	A	E	B	F	H	C
最高允许工作温度/℃	90	105	120	130	155	180	>180

电机绕组常用的漆包线见表1.2。

表1.2 电机常用漆包线

类型	耐温等级	主要特性
缩醛漆包线	E	耐刮性、耐热冲击性好,耐水解性较好,但漆膜受卷绕力易产生裂纹
聚酯漆包线	B	在干燥和潮湿条件下,耐电压击穿性能好;软化击穿性能也好。耐水解性较差,耐热冲击性一般,与聚氯乙烯、氯丁橡胶等含氯高分子化合物不相容
聚酯亚胺漆包线	F	耐热冲击性能及在干燥和潮湿条件下耐电压击穿性能好。软化击穿性能较好,但在含水密封系统中易水解,与聚氯乙烯、氯丁橡胶等含氯高分子化合物不相容

续表

类型	耐温等级	主要特性
聚酰胺亚胺漆包线	H	耐刮性、耐热性、耐腐性、耐热冲击、软化击穿性能以及在干燥和潮湿条件下耐电压、击穿性能好,但与聚氯乙烯、氯丁橡胶等含氯分子化合物不相容
聚酰亚胺漆包线	H	耐热性、耐热冲击及软化击穿性能好;耐低温性、耐辐射性好;耐溶剂及化学腐蚀性好,但耐碱性差,在含水密封系统中易水解,漆膜受卷绕力易产生裂纹

②绕包线可分为玻璃丝包线、薄膜绕包线和纸包线。

a. 玻璃丝包线是用无碱玻璃丝绕在裸导线或漆包线上,并经胶粘绝缘漆浸渍烘焙而成。

b. 薄膜绕包线主要有聚酯薄膜绕包线、聚酰亚胺薄膜绕包线和玻璃丝包聚酯薄膜绕包线。

c. 纸包线主要有普通纸包线,常用于油浸变压器线圈;耐高压的云母纸包线和耐高温的聚芳酰胺纸包线,主要用于大型高压电机的绕组。

③特种电磁线是用于某种特殊环境的导线。例如,漆包铜导体聚乙烯绝缘尼龙护套耐水绕组线,绞合铜导体聚乙烯绝缘尼龙护套耐水绕组线,耐冷却剂漆包线和中频绕组线等。

(2)电源线

电源线在单股或者多股导线上面包覆一层绝缘材料构成,根据耐温等级确定绝缘材料的型号,根据电流大小确定线径,主要关注导体电阻、耐压、绝缘电阻、老化性、阻燃性等。

电机导电用铜通常选用工业纯铜,导电用铝通常选用含铝 99.5% 以上的工业纯铝。通常情况下,感应电动机(笼型转子感应电动机)转子绕组选用 99.5% 以上的纯铝,目前随着科技工艺的发展,部分感应电动机(笼型转子感应电动机)转子绕组已采用铸铜形式。

2)导磁材料

(1)硅钢片

加入硅的合金钢,经轧制而成薄的钢板,一般称为硅钢片(硅钢是指含硅量为0.5% ~4.5%的极低碳硅铁合金)。加入硅可提高铁的电阻率和最大磁导率,降低矫顽力和铁芯损耗。按制造工艺的不同,硅钢片分为热轧硅钢片和冷轧硅钢片,冷轧硅钢片又有取向和无取向之分。

无取向硅钢片,其晶粒呈无规则取向分布,其公称厚度为 0.35 mm 和0.5 mm,具有一定机械强度,主要用于制造电动机和发电机。

取向硅钢片,晶粒呈取向分布,磁性好,但较脆,主要用于制造变压器铁芯。

由于铁芯中涡流损耗与钢片的厚度平方成正比,同一品种的硅钢片,其厚度越薄,铁芯损耗越小,但铁芯制造工时增加,叠压系数降低,电机通常采用厚0.35 mm、0.5 mm 的硅钢片。为了进一步降低铁芯损耗,国内少数企业具备了批量生产薄规格无取向电工钢的能力。武钢在 2015 年成功生产出最小厚度为0.18 mm 的电动汽车用无取向电工钢;宝钢为适应新能源汽车驱动电机应用,生产相关的高效 AHV、高强度 AHS 系列产品。

非晶合金是由金属熔体在瞬间冷凝、金属原子还处在杂乱无章的状态时,来不及排列整齐就被“冻结”生成的材料。这种非晶合金具有许多独特的性能,由于它性能优异、工艺简单,从 20 世纪 80 年代开始成为国内外材料科学界的研究开发重点。铁基非晶合金具有高饱和磁感应强度,在磁导率、激磁电流和铁损等方面优于硅钢片,在变压器与部分电机中得到了广泛应用。

软磁复合材料(SMC)是由表面带有绝缘的金属粉末颗粒压制,经压缩成型制造而成,其电阻率更高,磁、热各向同性,制造过程中不需要额外加工,不会产生废料,尤其适合于结构复杂的电机,具有高度的形状自由。SMC 材料具有饱和磁感高、低涡流损耗、各向同性等优点。在高速电机中,用 SMC 材料代替硅钢片,能显著降低电机铁耗,提升电机效率,具有广泛的应用前景。

(2)永磁材料

永磁材料,又称硬磁材料,磁化后即能保持恒定磁性的材料。电机中常用的永磁材料包括烧结磁体和粘结磁体,主要种类有铝镍钴、铁氧体、钐钴、钕铁硼等。

粘结永磁材料是用树脂、塑料或低熔点合金等材料作为粘结剂,与永磁材料粉末均匀混合,然后用压缩、注射或挤压成型等方法制成的一种复合型永磁材料。按所用永磁材料种类不同,分为粘结铁氧体永磁、粘结铝镍钴永磁、粘结稀土钴永磁和粘结钕铁硼永磁。它与烧结永磁材料相比有形状自由度大、机械强度高、不易破碎、电阻率高、易于实现多极充磁、尺寸精度高、不易变形等优点。

①铝镍钴材料在 20 世纪 80 年代以前使用较多。它具有优异的温度稳定性、时间稳定性和适用超高温环境条件等优点,可在使用温度要求高、磁稳定性非常好的军用或仪器仪表等特殊使用环境的电机中使用。但是,铝镍钴材料的矫顽力较低,材料硬而脆,可加工性能较差。

②铁氧体材料价格低廉,主要用于对使用性能及体积要求不高的微电机产品中,如玩具电机、日用电器电机、音像电机、办公设备及通用仪表电机、汽车摩托车电机以及工业用的小功率驱动电机等,其主要缺点是剩磁密度低。

③钐钴材料是 20 世纪 60 年代中期兴起的磁性能优异的永磁材料,剩余磁感应强度、矫顽力及最大磁能积都很高,而且性能非常稳定,但由于其价格昂贵,主要用于航空、航天、武器等军用电机和高科技领域中。

④钕铁硼材料是 20 世纪 80 年代出现的被称为第三代高性能永磁材料。其磁性能高于钐钴,但热稳定性较差,且很容易锈蚀,必须进行表面防护处理;其价格便宜,所以迅速得到推广应用。随着钕铁硼材料的不断更新,温度性能不断改善,特别是 20 世纪 90 年代以来,低温度系数、耐高温的钕铁硼材料已研制成功,高性能耐热钕铁硼的工作温度可达 200 ℃以上,而且价格也不断降低,

大部分的工业电机和民用电机中已广泛采用钕铁硼。

3)常用绝缘材料

通常将电阻率大于$10^9\Omega \cdot m$的材料称为绝缘材料,其电阻率很高,流过的电流可以忽略不计。在电机中采用绝缘材料把导电与不导电部分或者把不同电位的导电体隔开。电机中常用绝缘材料如下:

①纤维制品,如黄漆布、黄漆绸、黑漆布、黑漆绸、青壳纸、聚酯纤维纸等,主要用于包扎线圈或作衬垫绝缘。

②玻璃纤维制品,如玻璃漆布和玻璃漆管。前者主要用于槽绝缘和相间绝缘,后者主要用于导线连接的保护绝缘。

③薄膜与复合薄膜制品,如聚酯薄膜和聚酰亚胺薄膜,主要用于槽绝缘。

④云母制品,它是由片云母或粉云母纸、胶粘剂和补强材料复合而成。电机应用的云母制品主要是云母带、云母箔、云母板等,主要用于换向器片间绝缘、槽绝缘、成型线圈、磁极线圈的绝缘。

⑤绝缘漆。

a. 醇酸晾干覆盖漆具有较好的弹性和较高的介电性能,适用于电机电器表面或绝缘零部件表面覆盖。

b. 油性硅钢片漆,在硅钢片表面形成牢固坚硬和耐油的漆膜,适用于电机、电器中硅钢片间的绝缘。

c. 1053 有机硅浸渍漆,1054 聚酯改性有机硅浸渍漆具有良好的介电性、防潮性、耐寒性,主要用于浸渍电机、电器线圈。

d. 三聚氰胺醇酸浸渍漆,具有较好的耐油性,适用于电机、变压器绕组的浸渍,也可作覆盖漆用。

e. A30-11 氨基烘干绝缘漆,具有较高的耐热性、附着力、抗潮性和绝缘性,并有耐化学气体腐蚀等性能,适用于浸渍亚热带地区电机、电器、变压器线圈绕组作抗潮绝缘。

f. W30-12 有机硅烘干绝缘漆，漆膜具有较好的耐热性和绝缘防潮性能。该漆是 H 级绝缘材料，主要用于浸渍玻璃丝包线及玻璃布。

4）结构材料

（1）端盖

端盖是连接转子和机座的结构零件，通常采用铸铁、钢或铝合金三种材料制成。

①铸铁：价格便宜，制造和加工性能比较好，且有足够的机械强度，在中小型电机中广泛采用。

②铸钢：只有在特殊的场合，如牵引电机和防爆电机等机械强度要求很高时，才采用铸钢端盖或高强度铸铁端盖。

③铝合金：在大量生产的分马力电机（功率小于 0.735kW 的电机）中，为了减轻质量和减少加工工时，应用铝合金压铸端盖，但铝合金的机械强度和耐磨性较差，价格相对较高。

（2）转轴

转轴支承各种转动零部件，工作时还要承受由不平衡重力引起的弯曲力矩和气隙不均匀引起的单边磁拉力。

电机转轴一般采用 45 号优质碳素结构钢，还可进行调质处理（调质处理指淬火加高温回火的双重热处理，其目的是使转轴具有良好的综合机械性能）。对小功率电机，允许用 35 号钢或 A5 普通碳素钢代替，强度相对较差，但价格便宜。

（3）轴承

轴承支撑电机转动部件旋转，分为滑动轴承和滚动轴承两大部分。

①滑动轴承的最大特点是噪声小，生产成本低、价格便宜，多用于要求噪声低、转矩相对较小的场合。

②滚动轴承与滑动轴承相比，具有寿命高、摩擦力矩小及安装方便等优点，

在电机行业中广泛应用。

(4)机座

机座在电机中起着支撑和固定定子铁芯、在轴承端盖式结构中通过机座与端盖的配合以支撑转子和保护电机绕组的作用。中小型电机通常采用铸铁机座,大型电机的机座则采用钢板焊接结构。

(5)机壳

大型电机外壳通常采用铸铁材料,而小型电机采用铝。铝壳电机优点是质量轻、散热性能好、可塑性能好,缺点是价格高、硬度低。铸铁电机优点是硬度高、抗外界压力大、价格低,缺点是质量大、导热性差、可塑性能不好。

1.2　电机发展简史

电机发明至今已有近200年的历史,电机学科已发展成为一个较为成熟的学科,电机工业也已成为近代社会的支柱产业之一。围绕目前广泛应用的感应电机、永磁电机,下面简述其发展历程。

1.2.1　感应电机发展

1)感应电机诞生

(1)旋转磁场的发现

旋转磁场理论是感应电机的理论基石之一。1824年,法国科学家阿拉果在圆盘实验中采用机械方法获得旋转磁场。阿拉果圆盘旋转实验是现代交流电机基本原理的最初实验。1879年,英国科学家贝利在阿拉果圆盘实验的基础上，进一步进行研究，用四个相同的电磁铁和一个转换装置代替人为产生的旋转磁场，使圆盘沿磁场旋转方向旋转。这是人类首次用电的方式获得旋转磁场，实验证明旋转磁场可以产生机械力。贝利实验装置是现代感应电机的雏形。

1883 年，法国科学家德普拉兹在巴黎科学院发表演讲，提出将两个在时间和空间上各相差 90°的交变磁场合成可以得到一个旋转磁场。1885 年，费拉里斯发现了频率相同的两个交变磁场，如空间相位相差 90°，两个磁场之间的空间将会产生一个新的、运动的磁场，即旋转磁场。1888 年 3 月 18 日，费拉里斯发表了主题为“利用交流电产生电动旋转”的演讲，介绍了自己的科研成果。费拉里斯的电机已经有起动转矩，这使感应电动机的自起动成为可能。

(2)感应电机诞生

美籍克罗地亚科学家特斯拉在 1881 年到 1888 年的科学研究中，改良了感应电机，申请了 40 多项电机专利，并在 1892 年将两相感应电机量产化。1893 年，在西屋公司特斯拉等人的商讨下，将 60 Hz 作为标准电源频率，这一标准频率在美国等国家一直沿用至今。

在感应电机的发展史中，俄罗斯科学家多利沃是三相电流技术的奠基人，他在 1888 年得知费拉里斯的旋转磁场理论后深受启发。多利沃研究发现三相电流也可以产生旋转磁场。1889 年，世界上第一台三相笼型转子感应电机诞生，笼型转子电机以结构简单、牢固、价格低廉而进入工、农领域，成为应用最广的电机。

除了 AEG 公司在多利沃-多布罗夫斯基主持下制成世界上第一台三相笼型转子感应电动机，瑞士 C. E. L 布朗在 1890 年制成一台开口槽的三相感应电机，同期匈牙利岗茨公司和德国西门子-哈尔斯克公司也成功研制出感应电动机。

2)感应电机发展与改进

19 世纪 80 年代到 20 世纪初是感应电机的早期发展阶段。经过特斯拉的改进，1888 年 5 月 16 日，特斯拉在美国电气工程师学会上发表著名论文《A

new system of alternating current motors and transforms》,介绍了旋转磁场理论和他发明的三种交流电动机结构,分别为磁阻式电动机、绕线式感应电动机、同步电机。

20 世纪初,欧洲各国交流电力系统刚刚建立,系统容量普遍较小,不能承受电动机起动电流的冲击。刚刚问世不久的感应电动机的起动问题成为制约电动机推广应用和发展的难题。因此,从 19 世纪末开始,世界上许多学者和制造厂都积极进行感应电动机起动理论及起动方法的研究工作,提出了数十种起动方案,不但逐步解决了感应电动机的起动问题,而且促进了电机理论的发展,推动了感应电动机结构的改进,其中一些方法沿用至今,例如降压起动法、Y-△起动法等。

20 世纪初到 20 世纪中叶,是感应电动机技术发展和成熟的时期。施泰因麦茨对交流电动机的理论及计算进行了全面论述,并导出了感应电动机的等效电路;海兰德和库鲁克等人提出了感应电动机的原图,并给出了严格的数学证明。1905 年,亚当斯提出了感应电动机的漏抗计算方法;20 世纪 20 年代到 40 年代,德鲁弗斯、蓬加等人对双笼电动机、深槽电动机的理论和计算方法,以及感应电动机磁场、寄生转矩、电机噪声等进行了系列研究。此外,20 世纪上半叶,针对感应电动机在设计、制造及运行中遇到的许多问题,例如电动机起动、调速有关的问题、电动机制造工艺问题等,专家学者也展开了大量研究与实验工作。

3)感应电机调速和交流传动

20 世纪中叶到 20 世纪末,电机理论研究取得了重大进展。首先形成了统一的电机理论,建立了电机的机电能量转换学说,形成了连续媒质的机电动力学。感应电机调速、控制技术的研究取得重大进展,其中变频调速技术得到推广应用。随着电力电子技术的发展,1972 年,西门子公司布拉什克教授提出《The Principle of Field Orientation as Applied to the New Transvector closed Loop

Control System for Ratating-field Machines》,奠定了交流电机矢量控制的理论基础。此后,世界各国科学家开始对电机矢量控制技术开展了广泛深入的研究,推动了交流电机矢量控制技术的应用。

矢量控制技术开创了交流电机等效直流电机的控制先河,它使人们认识到,尽管交流电机控制复杂,但同样可以实现转矩、磁场独立控制的内在本质。

4)感应电机现代化

进入 21 世纪,由于电子计算机技术的快速发展,电机的仿真技术也在不断完善,运用大型电子计算机和近代物理数学方法,实现了电机参数计算的精确化,电机电磁场理论及其分析计算技术不断取得重大突破。此外,电机智能化也是一个发展趋势,结合物联网等新技术,实现对电机的监控、测量、保护。目前,电机智能化技术还在进一步推广,有着广阔的前景。感应电机发展具体历程如图 1.4 所示。

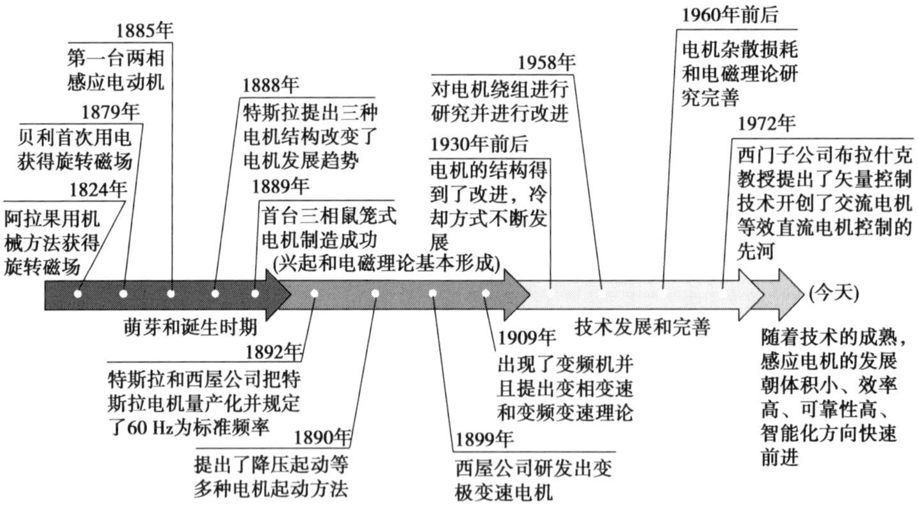

图 1.4　感应电机发展历程

1.2.2　永磁电机发展

永磁电机的发展与永磁材料的发展密切相关。我国是世界上最早发现永磁材料的磁特性并把它应用于生产实践的国家。早在两千多年前,我国就已利用永磁材料制成了指南针,在航海、军事等领域发挥了巨大的作用,成为我国古代四大发明之一。

19 世纪 20 年代出现的世界上第一台电机就是由永磁体产生励磁磁场的永磁电机。但当时所用的永磁材料是天然磁铁矿石(Fe_3O_4),磁能密度很低,用它制成的电机体积庞大,性能较差。1845 年,英国的惠斯通用电磁铁代替永久磁铁;1857 年,他发明了自励电励磁发电机,开创了电励磁方式的新纪元。由于电励磁方式能在电机中产生足够强的磁场,使电机体积小、质量轻、性能优良,在随后的 70 多年里,电励磁电机理论和技术得到迅猛发展,而永磁励磁方式在电机中应用较少。

由于电机技术的迅速发展以及电流充磁器的发明,人们对永磁材料的机理、构成和制造技术进行了深入研究,相继发现了碳钢、钨钢、钴钢等多种永磁材料。特别是 20 世纪 30 年代出现的铝镍钴永磁和 50 年代出现的铁氧体永磁,磁性能有了很大提高,各种微型和小型电机纷纷使用永磁体励磁。永磁电机的功率小至数毫瓦,大至几百千瓦,在军事、工农业生产和日常生活中得到广泛应用,产量急剧增加。同一时期,永磁电机的设计理论、计算方法、充磁和制造技术等方面也都取得了突破性进展,形成了以永磁体电机图解法为代表的一系列分析研究方法。

但是,铝镍钴永磁的矫顽力偏低,铁氧体永磁的剩磁密度不高,限制了它们在电机中的应用。一直到 20 世纪 60 年代和 80 年代,稀土钴永磁和钕铁硼永磁(二者统称稀土永磁)相继问世,它们的高剩磁密度、高矫顽力、高磁能积和线性退磁曲线的优异磁性能特别适合于制造电机,从而使永磁电机的发展进入一个新的历史时期。

与此相对应,稀土永磁电机的研究和开发可以分成三个阶段:

①20 世纪 60 年代后期和 70 年代,由于稀土钴永磁价格昂贵,永磁电机研究开发重点是航空、航天、军事用电机和要求高性能而价格不是主要因素的高科技领域电机。

②20 世纪 80 年代,特别是 1983 年出现价格相对较低的钕铁硼永磁后,国内外的研究开发重点转到工业和民用电机上。稀土永磁的优异磁性能,加上电力电子器件和微机控制技术的迅猛发展,不仅使许多传统的电励磁电机纷纷用稀土永磁电机来取代,而且可以实现传统的电励磁电机难以达到的高性能。

③20 世纪 90 年代以来,随着永磁材料性能的不断提高和完善,特别是钕铁硼永磁的热稳定性和耐腐蚀性的改善和价格的逐步降低以及电力电子器件的进一步发展,加上永磁电机研究开发经验的逐步成熟,除了大力推广和应用已有研究成果,使永磁电机在国防、工农业生产和日常生活等方面获得越来越广泛的应用外,稀土永磁电机的研究开发进入一个新阶段。一方面,其正向大功率化(高转速、高转矩)、高功能化和微型化方向发展。目前,稀土永磁电机的单台容量已超过 1 000 kW,最高转速已超过 30 000 r/min,最低转速低于 0.01 r/min。另一方面,永磁电机的设计理论、计算方法、结构工艺和控制技术等方面的研究工作出现了崭新的局面,有关的学术论文和科研成果大量涌现,形成了以电磁场数值计算和等效磁路解析求解相结合的一整套分析研究方法和计算机辅助设计软件。

我国的稀土资源丰富,号称“稀土王国”,稀土矿石和稀土永磁的产量都居世界前列。因此,充分发挥我国稀土资源丰富的优势,大力研究和推广应用以稀土永磁电机为代表的各种永磁电机,对提升我国产品科技含量与制造水平具有重要的理论意义和实用价值。

1.3 电机电磁场仿真技术

1.3.1 电磁场分析常用方法

随着电磁场理论的不断发展，求解电机电磁场主要可以分为模拟法、图解法、解析法和数值计算法四类。

模拟法是用某种装置来模拟所求解的问题，通过测试来获得解答，面对边界比较复杂的电机电磁场问题时，应用解析法难以获得其解，而用图解法精度不够，因此模拟法得到了发展和应用。在电子计算机未普遍应用前，模拟法应用较为广泛。但是目前，由于模拟法的应用需要具备一套模拟设备和测量仪表，而设备因不同的要求和不同的参数范围而有所不同，所以目前应用较少。

电机中的稳定磁场问题还可以用图解法来近似求解，根据稳定磁场的特性画出磁场的等位线和磁力线，从这些曲线分布的密集或稀疏的程度得出磁场的强弱。图解法比较直观、形象，也便于掌握，但仅适用于无电流区域的线性媒质中求解二维稳定的磁场或忽略涡流效应的磁场，且要经多次修改，精度较差。在实际应用中要依靠手画的技巧和经验，存在着很大的局限性。

目前我们所说的解析法，是设法找到一个连续函数，将它和它的各阶偏导数代入求解的偏微分方程后得到恒等式；在初始状态下以及在区域的边界上它应等于所给出的定解条件。解析法包括分离变量法、镜像法、保角变换法、直接法、求解拉普拉斯方程的分离变量法等。若解析法所得解冗长而复杂，可以与计算机相结合；解析法能够获得精准解，但仅适用于比较特殊的边界情况。

由于电子计算机的应用日益普遍，电机电磁场的数值法得到发展和应用。

数值法是指直接将待求解的数学方程进行离散化处理,将无限维的连续问题化为有限维的离散问题,将解析方程的求解问题化为代数方程的一类方法。数值法从原理上讲没有局限性,是一种普遍适用的方法,只是计算机的存储空间和计算速度限制其应用范围。当边界形状和求解域内部铁磁介质和载流导体的分布比较复杂时,解析法就无能为力,此时需要用数值法来求解。数值法的种类有很多,包含数值积分法、有限差分法、有限元法、模拟电荷法等一系列方法。其中应用最广的为有限元法,它是一种根据变分原理和离散化而求取近似解的方法,可以应用于求解区域边界和内部分界面形状不规则的情况。在处理磁场强度部分变化较大的场合,有限元法的剖分灵活性大,适应性强,解的精度高。

1.3.2 有限元法

1)思路

有限元法的基本思想是将研究对象的连续求解区域离散为一组有限个且按一定方式相互联结在一起的单元组合体。由于单元能按不同的连接方式进行组合,且单元本身又可以有不同的形状,因此可以模拟不同几何形状的求解小区域;然后分区域进行分析,最后再整体分析。这种化整为零、集零为整的方法就是有限元的基本思路。

电机中的电磁场问题一般归结为一个偏微分方程的边值问题,但是有限元法不是直接以它为对象去求解,而是从偏微分方程的边值问题出发,找一个称为能量泛函的积分式,令它在满足第一类边界条件的前提下取极值,即构成条件变分问题,有限元法便是以条件变分问题为对象来求解电磁场问题的。

2)发展

有限元法被发明之前,所有的力学问题和工程问题中出现的偏微分方程只能依靠单纯的解析计算得到答案。这种方法对数学要求高,而且非常依赖于一些理想化的假定。

1943年,数学家库朗德第一次提出可在定义域内分片地使用位移函数来表达其上的未知函数,这其实就是有限元的做法。而“有限元法”这一名称是1960年美国的克拉夫(Clough,R. W.)在一篇题为《平面应力分析的有限元法》论文中首次使用。此后,有限元法的应用得到快速发展。1965年,我国计算数学家冯康在《应用数学与计算数学》上发表论文《基于变分原理的差分格式》,是我国创立有限元法的标志。

到20世纪80年代初期,国际上较大型的结构分析有限元通用程序多达几百种,从而为工程应用提供了有利条件。由于有限元通用程序使用方便,计算精度高,其计算结果已成为各类工业产品设计和性能分析的可靠依据。

3)应用

有限元法已应用于不同的领域和场合,成为人类不可或缺的工具。有限元法最初用于求解平面结构,发展至今已由二维问题扩展到三维问题、板壳问题,由单一物理场的求解扩展到多物理场的耦合,由静力学问题扩展到动力学问题,由结构力学扩展到流体力学、电磁学、传热学等学科,由线性问题扩展到非线性问题,从航空技术领域扩展到航天、原子能、机械化设计、力学仿真、激光超声研究及电机等领域,其深度和广度都得到了极大的扩展。

电机设计涉及电磁、机械结构、冷却方式、绝缘体系、材料选用等内容,其分析计算涉及多个学科和专业。传统方式一般采用简化的等效磁路、等效电路建立模型,而随着计算机技术的发展和新型电机的不断出现,传统设计方法逐渐被有限元分析方法取代。有限元仿真计算在电机领域主要包括以下几个方面:

①电磁仿真:在电机设计中扮演非常重要的角色,可以预测电磁转换效率、各个部件的损耗和发热量、电磁力及力矩参数,是进一步进行热仿真和结构仿真的基础。

②电场仿真:能够预测设备的绝缘性、放电和击穿可能性等性能指标。

③流体与热仿真:过热会使电机的可靠性降低,甚至烧毁,因此流体与热分析、电机冷却系统设计在电机领域非常重要,通过流体与热分析可以优化电机冷却方案,改善冷却效果。

④结构强度、疲劳仿真:研究电机在机械载荷和热载荷作用下的强度、刚度、振动和疲劳寿命,能够分析零部件的强度、变形和应力集中等现象,对零部件材料的用量和结构形式进行优化,可以提高设备的可靠性。

⑤振动与噪声分析:可以模拟并计算分析结构振动以及结构振动引起的噪声。

应用有限元法在电机产品设计中起到了提高设计效率、优化设计方案、缩短产品开发周期的作用。越来越多的企业及技术人员意识到有限元技术是一种巨大的生产力,并在产品开发中采用这项技术,为电机的研究发展起到了巨大推动作用,有限元技术将成为未来设计的主要技术基础。

1.3.3 电机常用分析软件介绍

(1)ANSYS/ANSOFT

ANSYS 软件是美国 ANSYS 公司研制的大型通用有限元分析软件,是计算机辅助工程(CAE)软件的一种,能与多种计算机辅助设计软件关联,实现数据的共享和交换,如 Creo、NASTRAN、Algor、AutoCAD 等,是集结构、流体、电场、磁场、声场分析于一体的分析软件,在核工业、铁道、石油化工、航空航天、机械制造、能源、汽车交通、国防军工、电子、土木工程、造船、生物医学、轻工、地矿、水利、日用家电等领域有着广泛的应用。

(2)JMAG

JMAG 是由日本综合研究所开发的电磁场分析软件,可以对各种电机及电磁设备进行电磁场分析,通过新技术与新方法的使用获得比较高的计算速度,能够计算尺寸大而结构复杂的3D模型。此外,可以通过使用多台计算机共同处理复杂问题,从而节省计算时间。JMAG可以同其他CAD软件、CAE系统进行耦合仿真,目前主要的画图软件(如Solidworks、SolidEdge、Pro/E等)所绘图形都可以导入JMAG中进行分析。

(3)PSCAD/EMTDC

PSCAD/EMTDC(全称Power Systems Computer Aided Design)是广泛使用的电磁暂态仿真软件,EMTDC是仿真计算核心,PSCAD为EMTDC(Electromagnetic Transients including DC)提供图形操作界面。PSCAD/EMTDC采用时域分析求解完整的电力系统及微分方程(包括电磁和机电两个系统),不仅结果精确,而且允许用户在一个完备的图形环境下灵活地建立电路模型,进行仿真分析;用户在仿真的同时,可以改变控制参数,从而查阅各种计算数据和参数曲线。

(4)COMSOL Multiphysics

COMSOL Multiphysics是一款大型的数值仿真软件,可模拟科学和工程领域的各种物理过程,广泛应用于各个领域的科学研究及工程计算。COMSOL Multiphysics是以有限元法为基础,通过求解偏微分方程(单场)或偏微分方程组(多场)来实现真实物理现象的仿真,已经在声学、生物科学、化学反应、弥散、电磁学、流体动力学、燃料电池、地球科学、热传导、微系统、微波工程、光学、光子学、多孔介质、量子力学、射频、半导体、结构力学、传动现象、波的传播等领域得到了广泛应用。

(5)FLUX

FLUX是专业的电、磁、热场二维及三维仿真分析软件,可用于各类电机、电器、传感器、舰船的分析,具有强大的后处理功能,主要用于电磁设备、热装置、热处理的分析与设计,其主要应用领域包括电磁、电热、电子机械和驱动设备等。

(6) MagNet

MagNet 用于分析电机、变压器等电气设备的电磁场,可以得到二维和三维的静态或动态磁场特性,电气设备的运行特性等。MagNet 的模块化求解器使用户可以只选择适合自己设计需要的仿真求解功能,其瞬态运动求解器支持任意多运动部件、多自由度的计算。

(7) Motor-CAD

Motor-CAD 软件由英国 Motor Design 公司开发,可以实现电磁、热及磁热互耦分析软件,用于电机的电磁特性和热特性优化设计,集成了磁路法、热路法、热网络法、有限元分析法、智能优化算法。

第2章 感应电动机理论分析基础

2.1 感应电动机的概述

感应电动机也称为异步电动机，由定子绕组形成的旋转磁场与转子绕组中感应电流的磁场相互作用而产生电磁转矩，主要有结构简单、运行可靠、制造容易、价格低廉、坚固耐用等特点，广泛应用于工农业生产中，例如机床、水泵、冶金、矿山设备、建筑机械等。三相感应电动机在工业中应用极为广泛；单相感应电动机主要应用在家用电器中，包括洗衣机、风扇、空调、电冰箱等。此外，在航空航天、武器装备等高科技领域，感应电动机也得到了广泛应用。

2.1.1 感应电动机的额定值及主要性能指标

电机在设计与制造过程所拟定的工况，称为电动机的额定运行工况。通常用额定值来表示其运行条件，在该条件下，电动机应处于最佳的工作状态。这些数据大部分都标明在电动机的铭牌上，也称为铭牌值。

1）额定功率 P_N

额定功率指电动机在额定状态运行时，轴端输出的机械功率，单位为千瓦（kW）。通常情况下，下角标 1 代表设备的一次侧即电能输入侧，2 代表设备的二次侧即机械能输出侧。额定功率的一般表达式为：

$$P_N = P_2 = \eta P_1$$

输出功率和输出转矩的关系为：

$$T_2 = \frac{P_2}{\Omega} = \frac{60P_2}{2\pi n}$$

其中：P_N 表示额定功率，P_1 表示输入功率，P_2 表示输出功率，η 表示效率，Ω 表示电机转子的机械角速度，$\Omega = \frac{2\pi n}{60}$，$n$ 表示电机的转速，T_2 表示电机的输出转矩。

2）额定电压 U_N

额定电压指电机在额定状态下运行时，定子绕组接入的线电压，单位为伏（V）。

3）额定频率 f_N

额定频率是指在额定运行情况下，电机定子绕组接入电压的频率，单位为赫兹（Hz）。中国以及大部分欧洲国家的额定频率为 50 Hz，部分美洲国家的频率为 60 Hz。

4）额定电流 I_N

额定电流指电机在额定电压下运行，输出功率达到额定功率时，流入定子绕组的线电流，单位为安（A）。

5）额定转速 n_N

额定转速指电机在额定状态下运行时转子的转速，单位为转/分（r/min），常见的转速单位还有 rpm（revolutions per minute，转/分钟）。

6）额定功率因数 $\cos\varphi_N$

额定功率因数是指在额定频率、额定电压和电动机轴上输出额定功率时，定子相电流与相电压之间相位差的余弦，其主要反映了电机运行过程中从电网吸收有功功率与视在功率的比值。功率因数越高，说明有功电流分量占总电流比重越大，电动机与电源的利用率也越高。

7）额定效率 η_N

额定效率是指在额定频率、额定电压和电动机轴上输出额定功率时，电动机输出机械功率与输入电功率之比，其表达式为：

$$\eta_N = \frac{P_N}{\sqrt{3} I_N U_N \cos\varphi_N} \times 100\%$$

我们国家非常重视电机能效的提升，国家标准 GB18613 是对量大面广的基本系列三相异步电动机能效标准的强制性要求，2002 年完成首次制订，2006 年进行了第一次修订，2012 年进行了第二次修订，2020 年完成了第三次修订，分阶段地强制提升电机的能效水平，并通过不同层级的市场质量监督抽查方式，提升了电机能效。

8)额定负载转矩 T_N

额定负载转矩是指电动机在额定转速下输出额定功率时转轴上的负载转矩,单位为牛·米(N·m)

9)堵转电流 I_k

堵转电流是指电动机在额定电压、额定频率并且转子静止时从供电回路输入的稳态电流有效值。

10)堵转转矩 T_K

堵转转矩是指电动机在额定电压、额定频率和转子堵住时所产生转矩的最小测得值。

11)最大转矩 T_{MAX}

最大转矩是指电动机在额定电压、额定频率和运行温度下,增加负载而不致使转速突降时电动机所能产生的最大转矩。

除上述数据外,铭牌上有时还标明额定运行时电机的温升、噪声、振动等。绕线型电机还常标出转子额定电压和转子额定电流等数据。

2.1.2 感应电动机绕组连接方法

定子绕组的首端和末端通常都接在电动机接线盒的接线柱上,定子三相绕组出线端的首端为 U_1、V_1、W_1,末端为 U_2、V_2、W_2;也有用 A、B、C 与 X、Y、Z 等标号进行表示。图 2.1 给出了常规感应电动机的接线盒与接线柱结构图。

三相电动机的定子绕组有三角形(△形)和星形(Y 形)两种不同的接法,其对应的线电压、相电压、线电流、相电流等数值也有一定差别。

(a)接线盒与接线柱

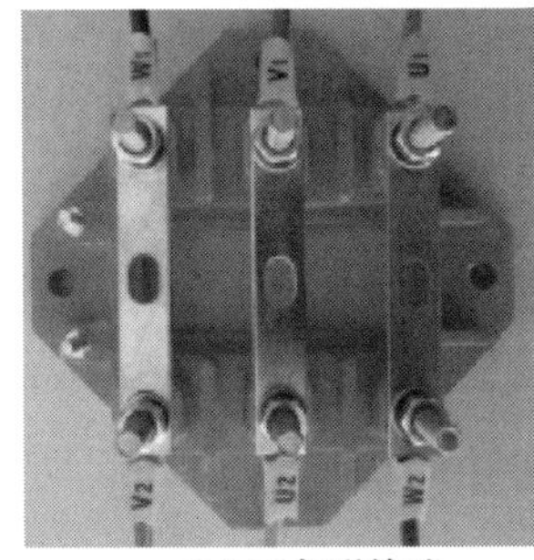

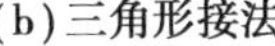

(b)三角形接法

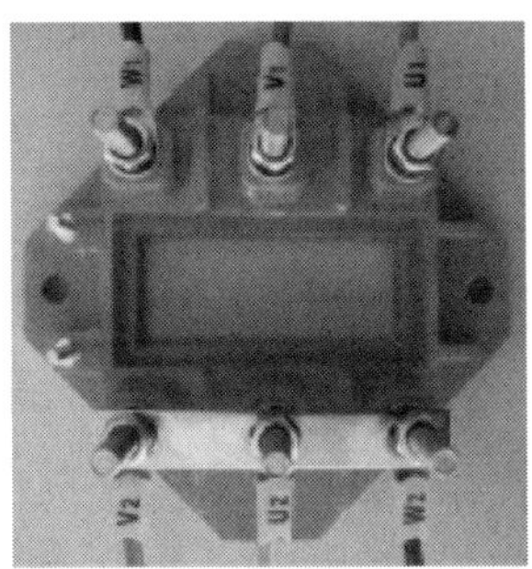

(c)星形接法

图 2.1　感应电动机的接线盒、接线柱及两种接法

1)线电压与相电压

线电压:两相绕组首端之间的电压,用 U_1 表示;

相电压:每相绕组首、尾之间的电压,用 U_φ 表示。

星形接法:$U_1=\sqrt{3}U_\varphi$。

三角形接法:$U_1=U_\varphi$。

2)线电流与相电流

线电流:电网的供电电流,用 I_1 表示;

相电流:每相绕组的电流,用 I_φ 表示。

星形接法:$I_1=I_\varphi$。

三角形接法:$I_1=\sqrt{3}I_\varphi$。

3)电动机的输入功率

$$P_1=\sqrt{3}U_1 I_1\cos\varphi=3U_\varphi I_\varphi\cos\varphi$$

4)定子绕组连线方法的选用

定子三相绕组的连接方式(Y 接法或△接法)的选择,和普通三相负载一样,根据电源的线电压而定。

如果电源的线电压等于电动机的额定相电压,电动机的绕组应该采用三角形接法;如果电源的线电压是电动机额定相电压的$\sqrt{3}$倍,电动机的绕组就应该接成星形。中小功率的感应电机一般采用星形接法;大功率的感应电机一般采用三角形接法,同时可采用△/Y 变换起动方式,降低电机的起动电流。在永磁电机中为了避免定子绕组内产生环流,通常采用星形接法。

2.1.3 感应电动机定子结构

在说明感应电动机的工作原理之前,需要对电机的基本结构有清晰的认识。为了方便对电机结构进行说明,图 2.2 给出了三相笼型感应电动机的结构图。从图中可以看出感应电机主要由静止的定子和转动的转子两大部分组成,两者通过电机两侧的轴承相关联。电机因转子旋转与电机定子之间应留有间隙,称为气隙。

感应电机的定子包括定子铁芯、定子绕组、机座、端盖,如图 2.3 所示。机座主要用来支撑定子铁芯和固定端盖,端盖固定在机座两侧,通过轴承支撑转子旋转,因此对于电机的机座和端盖要求有足够的机械强度和刚度,在中小型电机中常采用铸铁铸造而成;而大型感应电机多采用钢板焊接。

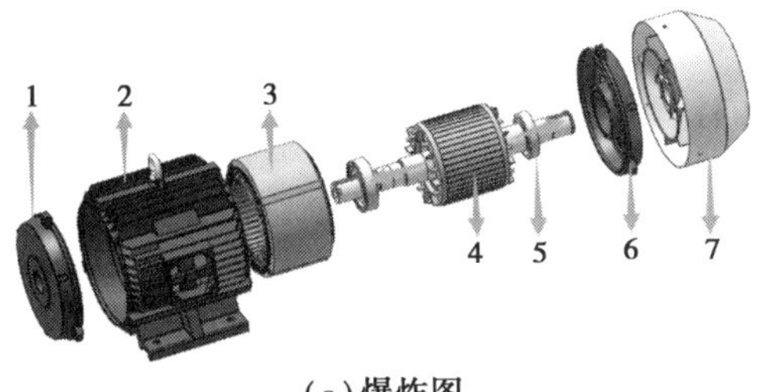

(a)爆炸图

1—前端盖;2—机座;3—定子铁芯;4—转子;5—轴承;6—后端盖;7—风罩

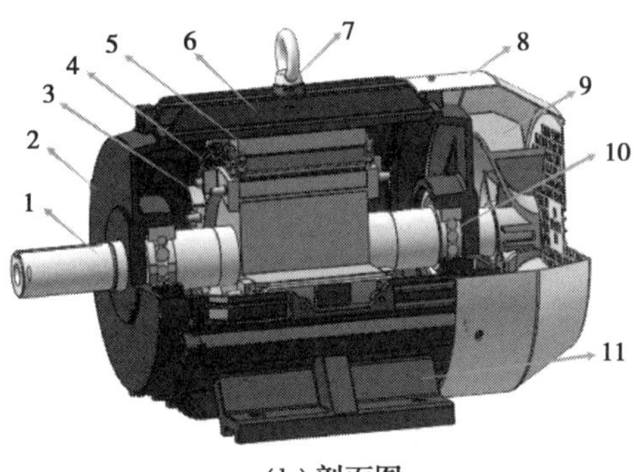

(b)剖面图

1—转轴;2—端盖;3—转子;4—绕组;5—定子;6—机壳;

7—吊环;8—风罩;9—风扇;10—轴承;11—机座

图 2.2　三相笼型感应电机的结构图

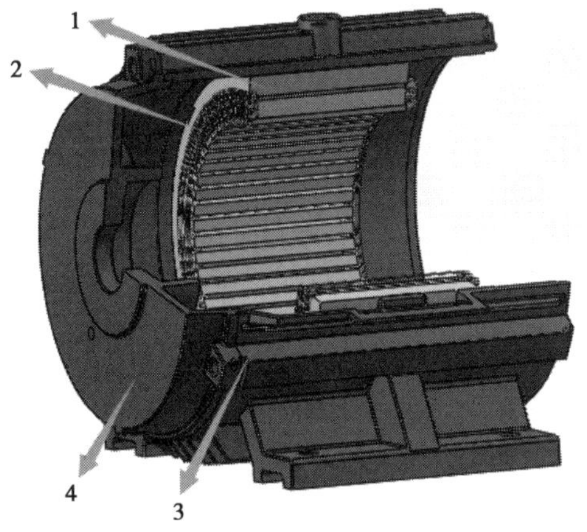

图 2.3　感应电机定子结构图

1—铁芯;2—绕组;3—机座;4—端盖

定子铁芯是电机主磁路的一部分，为了减小磁场在定子铁芯中产生的磁滞损耗和涡流损耗，铁芯通常由0.35 mm、0.5 mm厚的硅钢片叠压而成。硅钢片内部开槽用来嵌放定子绕组，如图2.4所示，图中也给出了感应电机定子硅钢片常用的槽型。梨形槽的槽底比槽口宽，定子齿壁基本上平行，构成平行齿，可提高齿部铁芯的利用率。该槽型的槽面积利用率高、冲模寿命长，在中小型感应电机中广泛应用。半开口槽电机绕组采用分开的成型绕组，适用于低压中型电机；而开口槽多用于中型高压电机。由于这两种槽型采用的是成型绕组，因此定子槽壁都是平行的，称为平行槽。

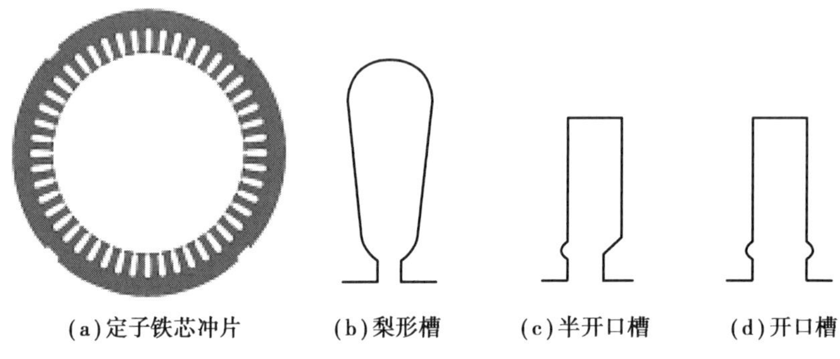

图2.4　开槽硅钢片及定子槽示意图

定子绕组是电机的电路部分，三相绕组对称放置在定子槽内，图2.5分别给出了散线圈、成型线圈以及线圈与定子铁芯的关系。绕组在槽内放置分单层和双层两种形式，单层绕组虽然槽利用率高（无层间绝缘），槽内不会发生相间击穿，但是由于不易做成短距，对谐波的抑制作用较差，一般只用在功率较小的感应电机中。而双层叠绕组可以选择有利的节距以改善磁势与电势波形，端部排列方便，线圈尺寸相同，常用于功率较大的感应电动机。

图2.5　电机定子绕组

2.1.4　感应电动机转子结构

感应电动机转子由转子铁芯、转子绕组和转轴组成。转子铁芯也是电机磁路的一部分，由硅钢片叠压而成。转子铁芯固定在转轴或转子支架上，呈圆柱形，在铁芯外圆冲有均匀分布的槽。转子绕组也是电路的一部分，有笼型转子和绕线转子两种形式；笼型转子感应电机具有结构简单、制造方便的特点，应用非常广泛，其形式如图2.6所示。

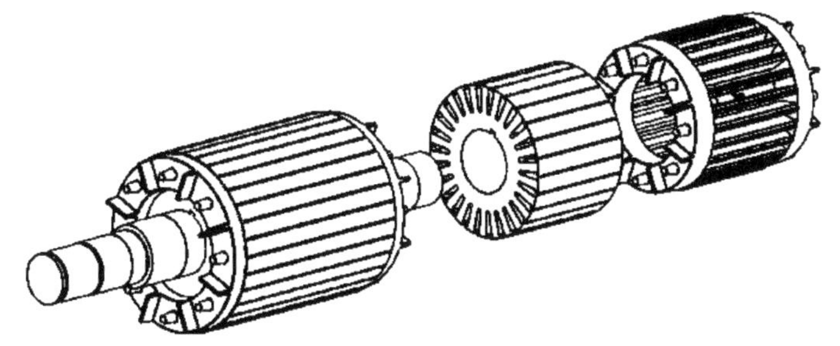

图2.6　笼型感应电机转子结构

笼型转子按照工艺不同可以分为铸铝式和焊接式。在中、小容量电机中，常用铸铝转子，铝导条和端环铸造成为一个整体。焊接式转子一般用在大功率电机中，在转子铁芯的每个槽内嵌放一根铜条，在铁芯两端槽口处分别用两个端环把槽里的所有铜条焊接成一个整体，形成一个自身闭合的短接回路。

感应电机转子槽型为了满足不同性能要求有多种形式，a，b为平行齿，a的槽形齿部截面逐渐变化，强度较高，用于大功率电机；而b的槽形冲模制造较为容易，常用于小功率电机。c，d是平行槽，其集肤效应比平行齿的槽形显著，主要用于功率小的两极电机。e为凸形槽，其上半部分近于平行槽，下半部分为平行齿，具有降低起动电流、改善起动性能的优点。f为刀形槽，相对于凸形槽其加工相对简单，这种槽形通常用于功率较大的2极或4极电机。g为双笼转子槽形，具有较好的起动性能，一般应用在大中型电机以及起动电机中。

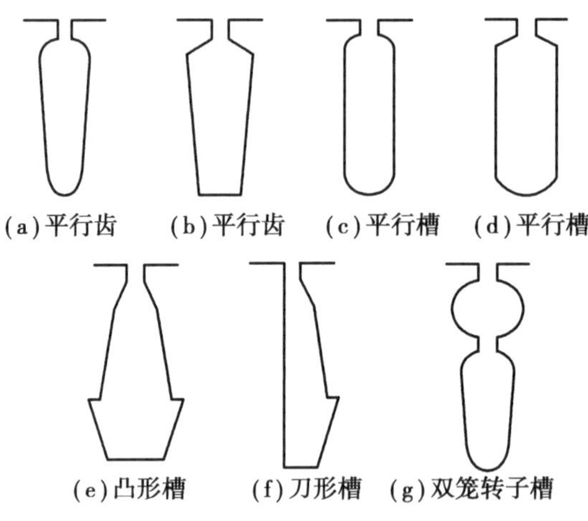

图 2.7　常用的转子槽型

(1)铸铜转子

铸铜转子是以铜为导电材料的新型电动机转子。铜的导电性是铝的 1.5 倍左右,使用铸铜转子替代广泛使用的铸铝转子,电动机的总损耗将可以显著下降,从而提高电动机的整体效率,在同样的电机尺寸条件下可以达到更高的电机能效水平。经过了长期发展,铸铜工艺不断进步,铸铜转子已实现产业化应用。

(2)气隙

定子固定在机座内处于静止状态,而电机转子处于旋转状态,因此,在定转子之间必须有一间隙,称为气隙。气隙的大小对电机的性能有很大的影响,例如在感应电机中,功率因数、起动能力等性能参数受气隙大小影响较为明显。通常情况下,气隙长度应尽量小,可以降低电机的激磁电流,进一步提高电机的功率因数。中小型感应电机受机械设计与加工工艺约束,一般为 0.2 ~2 mm。

此外,为了能够让电机安全可靠持续运行,电机还包括其他必要结构部件,详见第 1 章电机中常用材料章节。

2.2　感应电动机基本运行原理

2.2.1　工作原理概述

根据电机学绕组理论，当对称三相绕组通入对称三相电流时，在电机气隙内将会产生一个同步转速为 $n_s=60f/p$ 的旋转磁场。设其旋转方向如图2.8所示，该磁场将会切割转子导条，在转子导条内产生感应电动势。在笼型感应电机中，转子导条均通过端环短路闭合，转子导条将会产生电流，该电流与感应电动势近似同相位。此时，载流导体在磁场中将会受到电磁力作用，受力方向如图2.8所示，从而产生电磁转矩。电机转子在电磁转矩作用下，将会加速旋转，当电机的电磁转矩与负载力矩相等时，电机将会处于稳定运行状态。此时，电机从电源吸收电能，通过电磁感应克服负载转矩而对外做功，输出机械能。

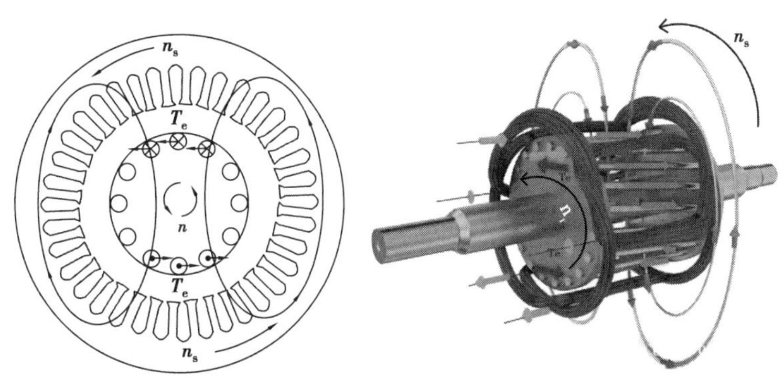

图2.8　感应电动机的工作原理

感应电动机正常状态下，其转子转速不会等于同步转速，更不会超过同步转速。因为电机转子越接近同步转速，电机的电磁力矩将越小；若达到了同步转速，转子导条将不会切割磁场，也不会产生电流，就不会有电磁转矩继续维持旋转（即使空载，也存在机械损耗），所以感应电动机无法达到同步转速，也称为异步电动机。

从原理上分析，可以看出感应电动机转子的实际转速 n 一般小于电机的同步转速 n_s，两者之间的相对速度 n_s-n 称为转差速度。转差速度与同步转速之比为转差率 S：

$$s=\frac{n_s-n}{n_s}$$

转差率是感应电机的一个重要参数，是电机运行状态的判别参数，也是衡量电机性能的重要指标。

2.2.2 三相感应电动机的磁场

旋转磁场是感应电机工作的基础，在感应电动机定子和转子之间存在着旋转磁场。该磁场由定子、转子绕组磁动势共同产生，其转速为同步转速。为了完整理解电机内磁场的变化，下面分别对感应电动机空载和负载磁场进行分析。

1）感应电动机空载磁场

感应电动机空载运行时，转轴上不带机械负载，所以 n 近似等于 n_s，定子绕组产生的旋转磁场和转子之间相对速度近似为零，可以认为转子绕组中的感应电动势和电流都近似为零，因此感应电动机空载运行时气隙内的磁场仅由定子绕组产生。根据电机学中交流绕组理论，三相对称绕组通入三相对称电流，将会在电机内产生同步转速的旋转磁场。

此时的空载电流包括两部分，绝大部分用来产生旋转磁场，称为磁化电流，为无功电流；还有一小部分有功电流，对应着电机的空载损耗，包括铁芯损耗、机械损耗和很少的定转子铜耗。

2) 感应电动机负载磁场

感应电机负载运行时,由于空载状态下的电磁力不足以平衡负载转矩,因此电机减速运行,转子绕组与定子同步磁场的相对速度增大,转子绕组感应电动势增大,转子绕组电流相应增加,转子将会产生更大的电磁转矩,电机减速直到电机转子的电流足以产生可以平衡负载的力矩,此时电机进入稳定运行状态。此时,电机内部的磁场由空载单一励磁变为定转子共同励磁作用产生的合成磁场。

定子旋转磁场的转速为同步转速 n_s,转子的转速为 n,此时定子旋转磁场以 $\Delta n=n_s-n$ 的速度切割转子,因此在转子中产生感应电动势和电流的频率 f_2 为:

$$f_2=\frac{p\Delta n}{60}=\frac{p(n_s-n)}{60}=\frac{pn_s(n_s-n)}{60n_s}=sf_1$$

与此同时,对称的转子电流在对称的转子绕组内运行,也会在转子表面形成旋转磁场,该旋转磁场相对于转子的转速为

$$n'=\frac{60f_2}{p}=\frac{60sf_1}{p}=sn_s=\Delta n$$

而转子本身以 n 的速度旋转,所以转子电流产生的磁场相对于静止空间的转速为 $\Delta n+n=n_s-n+n=n_s$。因此转子电流产生的磁场与定子绕组产生的磁场在空间上的转速是相等的,均为同步转速 n_s,它们之间没有相对运动,所以感应电动机在转子任何转速下均能够产生恒定的电磁转矩。该转矩是由定转子磁场之间相互作用而产生的,这样感应电机电磁转矩的产生过程又从另外一个角度(磁场与磁场间的相互作用)进行了解释。

2.2.3　感应电机的功率关系、功率方程和转矩方程

感应电动机从外部电源吸收电能,经电磁作用转换为转子轴上的机械能。

本节将分别从功率和转矩角度对电机输入、输出以及内部变化进行分析。

1)功率关系与功率方程

感应电动机是一种单边励磁电机,电机所需功率全部由定子侧提供。感应电动机从电源输入的电功率为 P_1,对应的定子电流为 I_1,定子绕组发热产生定子绕组的铜耗 p_{cu1},旋转磁场在电机定子铁芯内部交变形成定子铁芯损耗 p_{Fe},输入的电功率扣除定子铜耗和定子铁芯损耗就是电磁场功率 P_{e},电磁功率借助于气隙磁场从定子侧传递到了转子侧。

感应电机正常运行时,转差率很小,转子中的磁通变化率很低,通常仅为 1 ~3 Hz,所以转子中铁耗很小,通常可忽略不计。因此,从传送到转子的电磁功率 P_{e} 中扣除转子铜耗 P_{cu2} 即可得到转换为机械能的总机械功率 P_{Ω}。总机械功率扣除机械损耗 p_{Ω} 和杂散损耗 p_{Δ},可以得到转轴上输出的机械功率 P_2。

机械损耗包括轴承摩擦损耗、风摩损耗,而杂散损耗主要由于定、转子开槽导致气隙磁通波动而在定、转子铁芯中产生附加损耗,一般很难进行测定,通常与槽配合、槽开口大小、气隙大小和制造工艺等因素有关。在小型笼型感应电动机中,满载时的杂散损耗可达输出功率的 1% ~3%;大型感应电动机为输出功率的 0.5% 左右。

根据上述功率转换过程,可得到感应电动机的功率方程式如下:

$$\begin{cases} P_e = P_1 - p_{\mathrm{cu1}} - p_{\mathrm{Fe}} \\ P_\Omega = P_e - p_{\mathrm{cu2}} \\ P_2 = P_\Omega - p_\Omega - p_\Delta \end{cases}$$

2)转矩方程

由公式 $P_\Omega = P_2 + p_\Omega + p_\Delta$ 两端同时除以机械角速度 Ω,机械角速度与电机转速的关系为 $\Omega = \dfrac{2\pi n}{60}$,可得到转矩方程:

$$T_e=\frac{P_\Omega}{\Omega},T_0=\frac{p_\Omega+p_\Delta}{\Omega},T_2=\frac{P_2}{\Omega},T_e=T_2+T_0$$

由于 $P_\Omega=(1-s)P_e$，$\Omega=(1-s)\Omega_s$，所以

$$T_e=\frac{P_e}{\Omega_s}=\frac{P_\Omega}{\Omega}$$

该公式表明，电磁转矩既等于总机械功率除以转子的机械角速度，也等于电磁功率除以同步电角度。

2.3　感应电动机的电磁转矩及机械特性

根据电机学原理和感应电机等效电路，可以推导得出感应电机的电磁转矩为

$$T_e=\frac{P_e}{\Omega_s}=\frac{1}{\Omega_s}m_1I_2'^2\frac{R_2'}{s}=\frac{m_1}{\Omega_s}\frac{U_1^2\frac{R_2'}{s}}{\left(R_1+c\frac{R_2'}{s}\right)^2+(X_{1\sigma}+cX_{2\sigma}')^2}$$

通过电磁转矩关系式可以看出，当一台感应电机的外加电压、极对数、角频率、相数、定转子电阻、漏电抗等参数确定时，则上式唯一地表达了电磁转矩和转差率之间的函数关系，用曲线表示，称为转矩-转差率（T_e-s）曲线，又称为机械特性曲线，如图 2.9（a）所示。当 $s<0$ 时，为发电机运行状态，此时电磁转矩为负，对原动机起制动作用；当 $s=0$ 时，电磁转矩为零，此时转子的转速为同步转速，转子感应电势和电流都为零；当 $0<s<1$ 时，为电动机运行状态，其机械特性如图 2.9（b）所示；当 $s>1$ 时，为电磁制动状态。

从图 2.9（b）中还可以看出，有两个对感应电机非常重要的转矩参数，一个是最大转矩 T_{Max}，另一个是起动转矩 T_{st}。

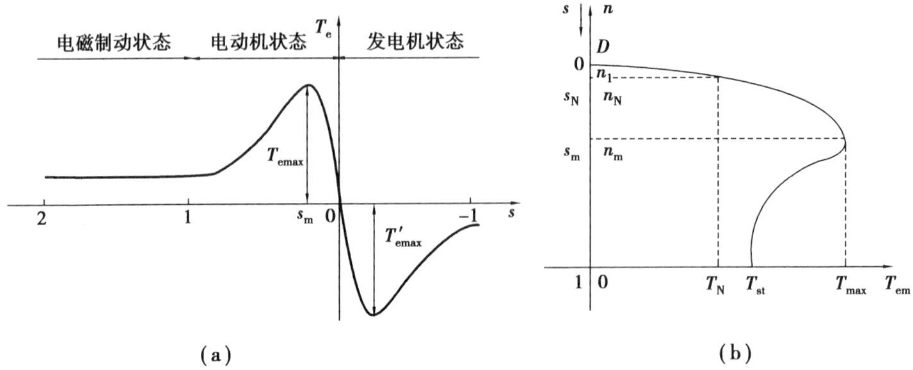

图 2.9　感应电机的(T_e-s)曲线与三相异步电动机机械特性曲线

通过电磁转矩对 s 求导,可以得出最大转矩 T_{Max} 的表达式

$$T_{Max}=\pm\frac{m_1}{\Omega_s}\frac{U_1^2}{2c\left[\pm R_1+\sqrt{R_1^2+(X_{1\sigma}+cX'_{2\sigma})^2}\right]}$$

式中,"+"号对应电动机运行状态,"-"号对应发电机运行状态。

当 $R_1\ll X_{1\sigma}+X'_{2\sigma}$,$c\approx1$ 时,最大转矩公式为

$$T_{Max}\approx\pm\frac{m_1U_1^2}{2\Omega_s(X_{1\sigma}+X'_{2\sigma})}$$

通过上述表达式可以得出结论:

当电机参数及电源频率不变时,最大转矩与电源电压的二次方成正比,与 $X_{1\sigma}+X'_{2\sigma}$ 成反比,与转子电阻无关。

在电机设计过程中,要求电动机需要有一定的过载能力,保证电机不能因短时过载而停转。过载能力(最大转矩倍数)为电机的最大转矩与额定转矩之比。通常情况下,感应电机的过载能力为 1.6~2.5。

在感应电动机的转矩-转差率曲线中,$s=1$ 所对应的转矩称为起动转矩,用 T_{st} 表示,它反映了电动机的起动能力。将 $s=1$ 代入公式,得

$$T_{st}=\frac{m_1}{\Omega_s}\frac{U_1^2R'_2}{(R_1+cR'_2)^2+(X_{1\sigma}+cX'_{2\sigma})^2}$$

从公式中可以看出,增大转子电阻,起动转矩增大。当电机参数及电源频

率不变时，起动转矩与电源电压的二次方成正比；当电源频率和电压不变时，定、转子漏抗越大则起动转矩越小。

通常将起动转矩与额定转矩的比值称为起动转矩倍数，对于一般笼型感应电动机，起动转矩倍数为 2 左右。

2.4　感应电动机工作特性

感应电动机的工作特性是指在额定电压和额定频率时，感应电动机的转速 n、定子电流 I_1、功率因数 $\cos\varphi$、电磁转矩 T_e、效率 η 与输出功率 P_2 之间的关系，图 2.10 给出了一台感应电动机工作特性曲线。

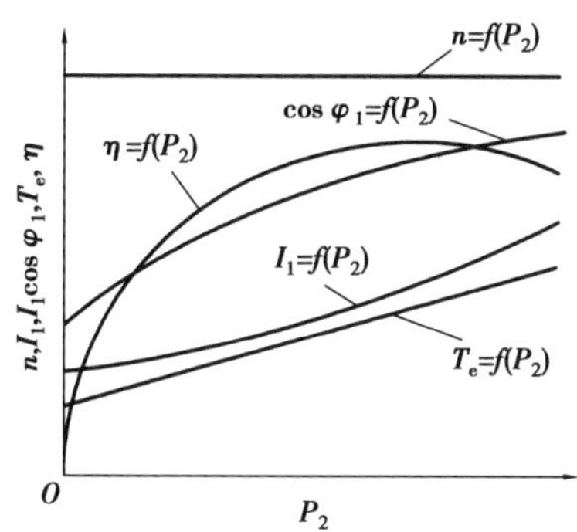

图 2.10　感应电动机工作特性曲线

2.4.1　转速特性

转速特性是指 $U_1=U_{1N}$、$f_1=f_N$ 时转速与输出功率之间的关系 $n=f(P_2)$。空载时，$P_2\approx0$，转子电流 $I_2'\approx0$，所以转差率 $s\approx0$，转速 $n\approx n_s$。负载时，由于空载状态下的电磁力不足以平衡负载转矩，因此电机减速运行，转子绕组与定子同步磁场的相对速度增大,转子绕组感应电动势增大,转子绕组电流相应增加,转子将会产生更大的电磁转矩,电机转子减速直到电机转子的电流足以产生可以平衡负载的力矩,此时电机进入稳定运行状态。在此过程中,转差率 s 随着负载的增加而增大,在额定负载时,$s=2\%\sim5\%$,转速应为 $n=(0.98-0.95)n_s$。所以,感应电动机转速特性曲线是一条略微向下倾斜的曲线。

2.4.2 定子电流特性

定子电流特性是指 $U_1=U_{1N}$、$f_1=f_N$ 时定子电流与输出功率之间的关系 $I_1=f(P_2)$。结合感应电动机等效电路分析,随着负载的增加,转子电流 I_2' 加大,定子电流 I_1 随之增加。

2.4.3 功率因数特性

功率因数特性是指 $U_1=U_{1N}$、$f_1=f_N$ 时功率因数与输出功率之间的关系 $\cos\varphi=f(P_2)$。感应电动机空载运行时,定子电流基本上是用以建立磁场的无功磁化电流,所以 $\cos\varphi$ 很小,通常小于 0.2。随着负载机械功率的增加,转子电流有功分量增加,定子电流有功分量随之增加,使功率因数 $\cos\varphi$ 逐渐上升,在额定负载附近,功率因数达到最大值。

2.4.4 转矩特性

转矩特性是指 $U_1=U_{1N}$、$f_1=f_N$ 时电磁转矩与输出功率之间的关系 $T_e=f(P_2)$。感应电机的电磁转矩为 $T_e=T_2+T_0=P_2/\Omega+T_0$,从空载到额定负载范围内,转速变化很小。若忽略转速的变化,且 T_0 可认为基本不变,所以可近似认为 $T_e=f(P_2)$ 是一条斜率为 $1/\Omega$ 的直线。

2.4.5　效率特性

效率特性是指 $U_1=U_{1N}$、$f_1=f_N$ 时效率与输出功率之间的关系 $\eta=f(P_2)$。感应电动机的效率为

$$\eta=\frac{P_2}{P_1}=1-\frac{\sum p}{P_1}$$

式中，$\sum p$ 为电机的总损耗，$\sum p=p_{cu1}+p_{cu2}+p_{Fe}+p_{\Omega}+p_{\Delta}$。

电机空载运行时，输出功率为零，所以电机的效率为零。随着电机负载的增加，电机的损耗也随之增长，损耗的增长速度相对较慢，因此电机的效率随着电机负载的增加而逐渐增大。通常在$(0.8\sim1.1)P_N$ 范围内，电机的效率最高，电机容量越大，电机的效率越高。

由于感应电动机的效率和功率因数，通常都在额定负载附近达到最大值，因此在选用电动机时，应使电动机的容量与负载相匹配，以便电动机能够经济、合理和安全地使用。此外，科学技术进步、产业技术发展，对电机的动态响应也提出了更高要求，因此在电机选用的时候，对电机的起动性能、最大转矩也要重点关注。

第3章 感应电动机瞬态电磁场建模与仿真分析

有限元的思想最早出现在1943年,而有限元法这个名称则由Clough于1960年在其著作中首先提出。所谓“有限元法”,就是将整个区域分割成许多很小的子区域,这些子区域通常称为“单元”或者“有限元”,将求解边界问题的原理应用于这些子区域中,求解每个小区域,然后把各个小区域的结果合起来就得到整个区域的求解。根据上述思路,有限元的仿真流程可以分为如下几个环节,如图3.1所示。

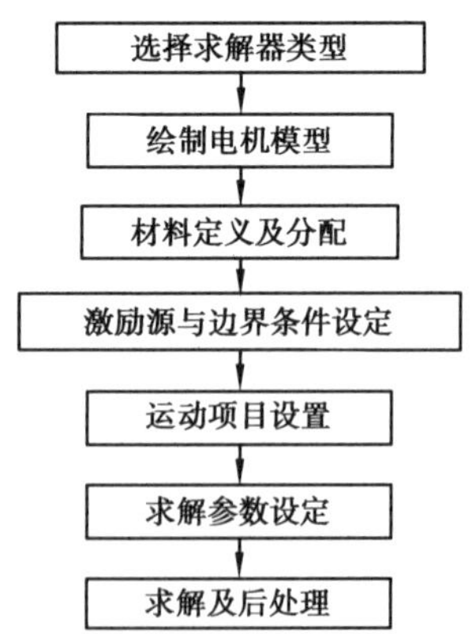

图3.1　电机有限元仿真流程图

3.1 项目创建与模型建立

以一台额定功率为 11 kW 的笼型感应电动机为例，额定电压为 380 V，工作频率 50 Hz，定子外径 260 mm，内径 170 mm，铁芯长度 155 mm，气隙长度 0.5 mm，定子槽数 36，每槽导体数 28 根，接法采用△接法；转子外径 169 mm，内径 60 mm，转子槽数 26。定子槽型如图 3.2(a)所示，转子槽型如图 3.2(b)所示，其中各项数据见表 3.1。

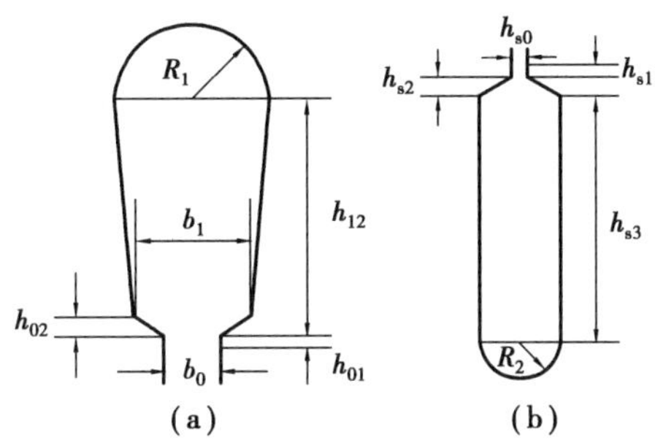

图 3.2　11 kW 感应电动机定转子槽型

表 3.1　定转子槽型数据

单位：mm

b_0	h_{01}	b_1	h_{02}	R_1	h_{12}	h_{S0}	h_{S1}	h_{S2}	h_{S3}	R_2
3.8	0.8	7.7	1.13	5.1	15.2	1	0.5	1.1	24.9	2.4

3.1.1 项目创建与定子槽模型的建立

1)创建项目

首先,创建二维电磁场工程文件,并进行保存(注:项目名称不能为汉字)。执行 Modeler/Units/Select Units 确定模型单位为 mm;执行 Maxwell 2D/solution type 选择 Transient 瞬态场求解器。

2)绘制几何模型

由于本模型为 2D 模型,电机铁芯长度为 155 mm,故沿坐标 Z 轴方向设置铁芯长度。由于感应电机铁芯是由硅钢片叠压而成,因此在电磁仿真计算过程中有效铁芯长度为实际铁芯长度乘以硅钢片的叠压系数。受加工工艺影响,通常情况下电机叠压系数为 0.96 ~ 0.98。综合考虑端部效应,执行 Maxwell 2D/Model/Set Model Depth 操作,将电机模型轴向长度设置为 151.9 mm。

根据定子槽形数据,可算出定子槽各节点坐标,如图 3.3 所示。为了避免弧线交接重合问题,建模过程中采用交合面去除法,暂时将左端点横坐标向左移 1 mm。

执行 Draw/line 绘制直线,从右下角输入其 X、Y、Z 的坐标。每输入一个点后单击回车键,在绘制完成后双击回车键,得到定子槽半边图形,如图 3.4 所示。

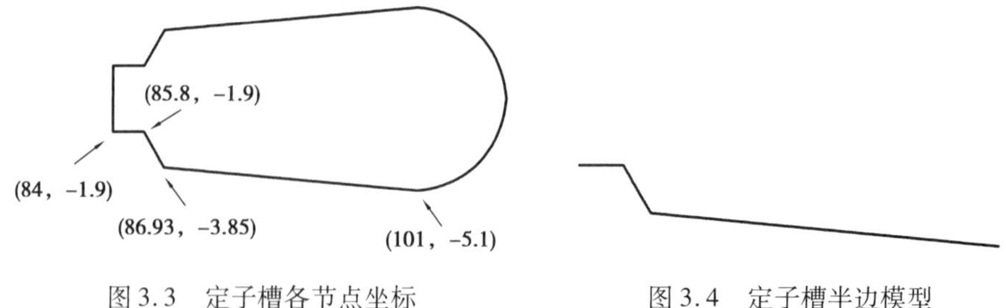

图 3.3 定子槽各节点坐标

图 3.4 定子槽半边模型

选中所绘直线,执行 Edit/Duplicate/Mirror,使其沿 X 轴对称复制,如图 3.5 所示。

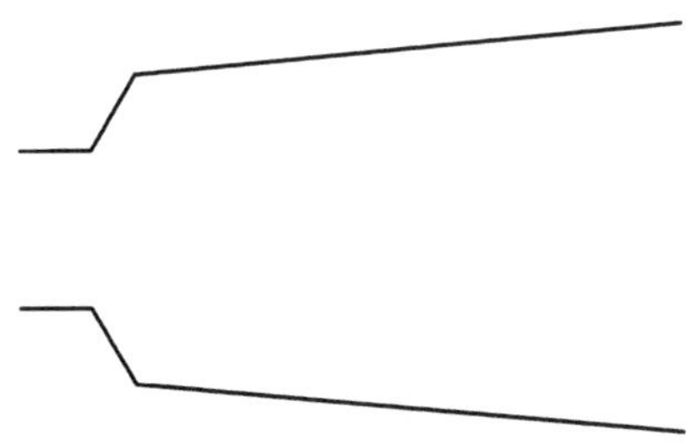

图 3.5　镜像复制定子槽半边模型

执行 Draw/line 绘制直线,将定子槽模型左侧两点用直线连接。执行 Draw/Arc/Center point 绕中心点绘制曲线,输入中心点坐标为(101,0),然后用鼠标单击定子槽模型右侧两点以完成圆弧连接,如图 3.6 所示。

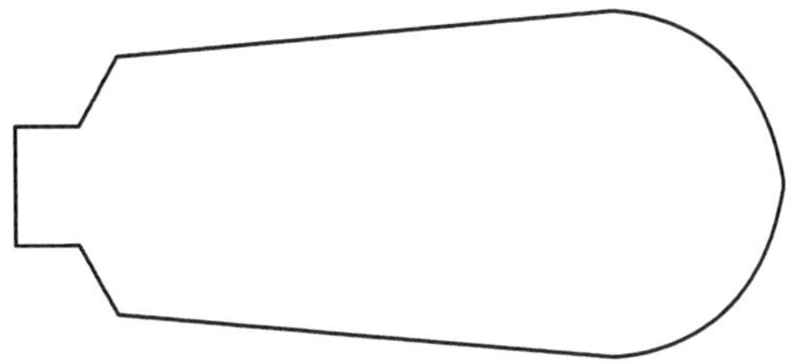

图 3.6　定子槽型建立

执行 Draw/Rectangle 绘制绕组模型,大小位置如图 3.7 所示(绕组面积可以根据实际情况调整,但不能太小,否则将会造成局部漏磁的变化)。

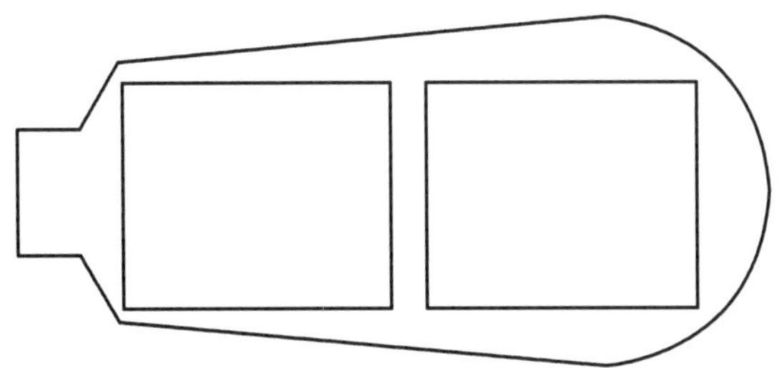

图 3.7　定子绕组模型建立

选中定子槽模型所有线段,执行 Modeler/Boolean/Unite 将所绘线段连接为闭合曲线。分别选中定子槽、绕组模型,执行 Modeler/Surface/Cover lines 将槽封闭曲线生成面域。选中绕组模型,在右键菜单中选/Edit/Properties,将对象 Rectangle1 重命名为 coil(方便建模过程查找),然后确定;同样选中定子槽模型,在右键菜单中选/Edit/Properties,将对象 Ploylinel 重命名为 stator_slot,形成的模型如图 3.8 所示。

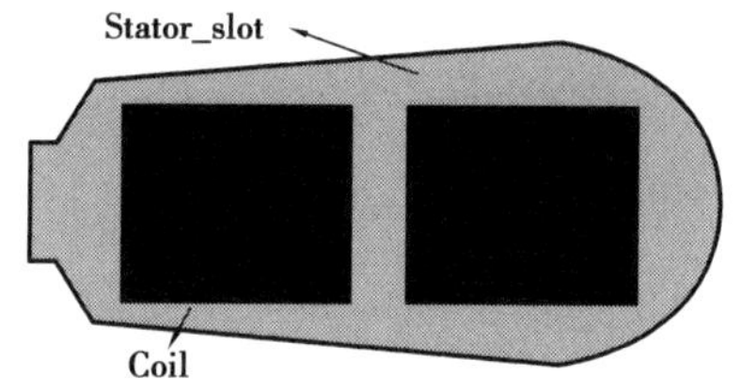

图 3.8　单个定子槽及绕组模型

同时选中建立的定子槽及绕组模型,执行 Edit/Duplicate/Around Axis 进行沿 Z 轴复制,角度为 10°,数量为 36,执行结果如图 3.9 所示。

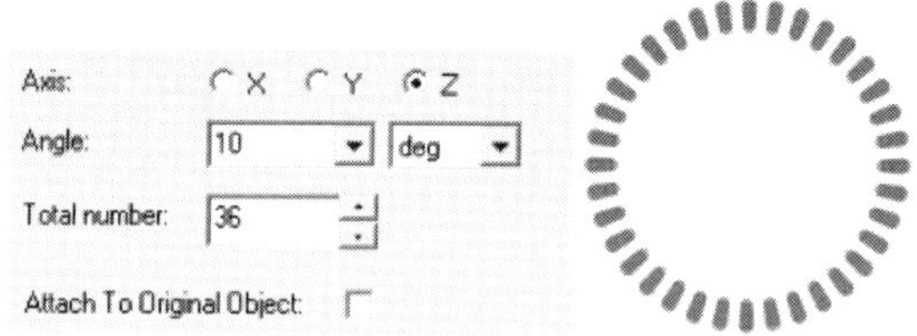

图 3.9　定子槽及绕组模型

3.1.2　建立定子铁芯模型

执行 Draw/Circle 绘制定子铁芯外圆,输入圆心坐标(0,0,0),输入半径 dx = 130mm,选中生成的定子外圆后生成面域。同上,绘制定子内圆,输入半径 dx = 85mm,生成面域。选中两面域,执行 Modeler/Boolean/Subtract 进行布尔操作,在 Blank 栏选中定子外圆面域,在 Tool Parts 栏选中定子内圆面域,此时不勾选 Clone tool objects before operation(删除定子内圆面域),得到定子铁芯模型如图 3.10 所示。选中定子铁芯模型,在右键中选择/Edit/Properties,将定子铁芯模型重命名为 Stator。

选中定子铁芯和定子槽，执行 Modeler/Boolean/Subtract 进行布尔操作（区域分离），在 Blank 栏选中定子铁芯，在 Tool Parts 栏选中定子槽，不勾选 Clone tool objects before operation，所得定子模型如图 3.11 所示。

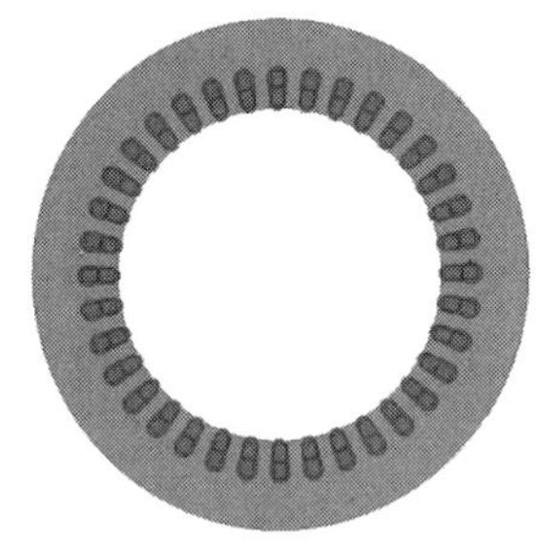

图 3.10　定子铁芯模型的建立

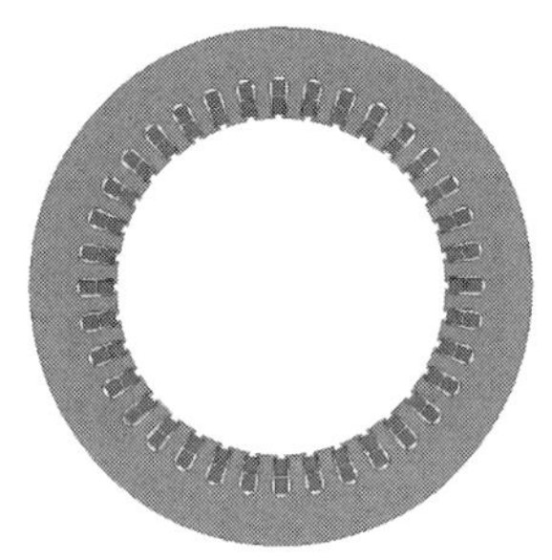

图 3.11　定子模型

3.1.3　建立转子槽模型

根据电机结构尺寸，可计算出转子槽各点坐标，如图 3.12 所示（将转子槽上端点坐标上移 0.25 mm，原因同定子槽绘制过程。）

建立单个转子槽，将所有线段连接为封闭曲线后生成面域。选中转子槽，在右键菜单中选/Edit/Properties，将模型重命名为 bar。

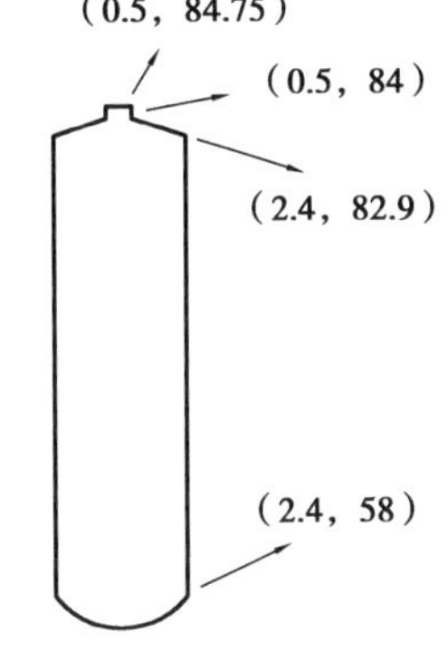

图 3.12　转子槽各点坐标

然后选中生成的转子槽模型执行 Edit/Duplicate/Around Axis，沿 Z 轴复制，角度为 360/26，数量为 26，设置及执行结果如图 3.13 所示。

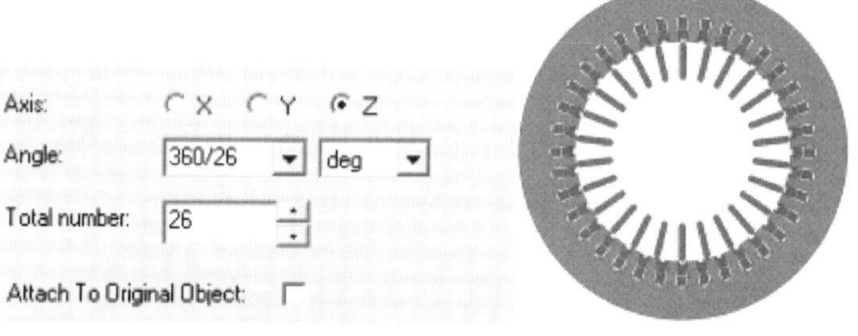

图 3.13 转子槽模型

3.1.4 建立转子铁芯模型

执行 Draw/Circle 绘制转子外圆,输入圆心坐标(0,0,0),输入半径 dx = 84.5 mm(气隙长度为 0.5 mm),选中生成的转子外圆后生成面域,如图 3.14 所示。

同上,绘制转子内圆,输入半径 dx = 30mm,生成面域。选中两面域,执行 Modeler/Boolean/Subtract 进行布尔操作,在 Blank 栏选中转子外圆面域,在 Tool Parts 栏选中转子内圆面域,勾选 Clone tool objects before operation 得到转子模型。选中转子模型,在右键菜单中选/Edit/Properties,将模型重命名为 Rotor。

为了删除转子笼条(bar)凸出部分,选中转子模型,在右键中选择/Edit/Copy 和 Paste,再选中其中的一个转子面和所有笼条模型,执行 Modeler/Boolean/Subtract 进行布尔操作,在 Blank 栏选中转子面域,在 Tool Parts 栏选中所有笼条面域,不勾选 Clone tool objects before operation 得到转子冲片模型。选中转子和转子冲片模型,执行 Modeler/Boolean/Subtract 进行布尔操作,在 Blank 栏选中转子面域,在 Tool Parts 栏选中转子冲片面域,勾选 Clone tool objects before operation 得到转子笼条模型。选中转子笼条模型,执行 Modeler/Boolean/Separate Bodies 分离转子笼条面域,得到转子模型如图 3.15 所示。转子内圆(转轴)更名为 Shaft。

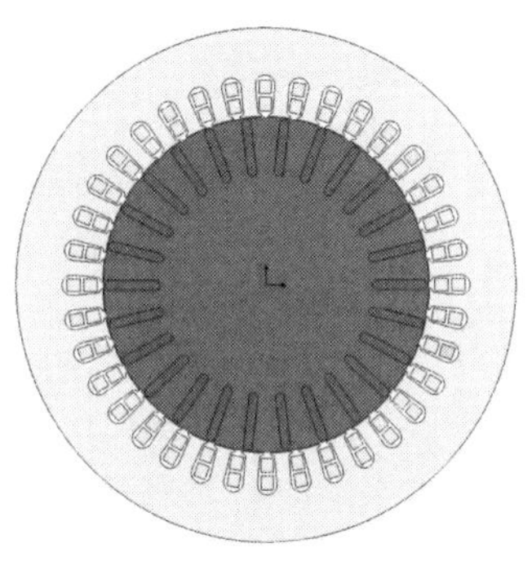

图 3.14　转子模型的建立

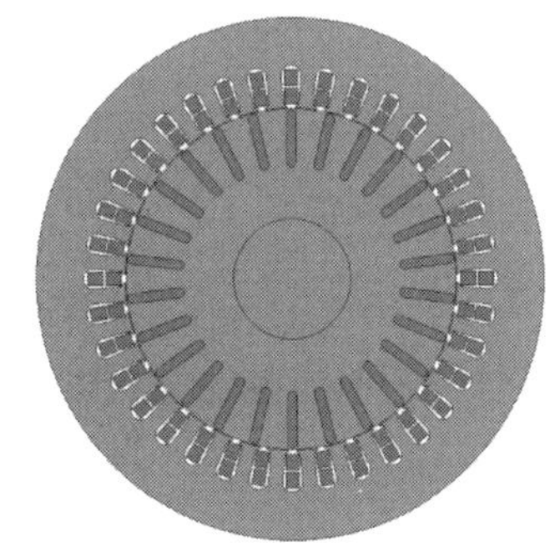

图 3.15　感应电机模型

3.1.5　建立求解域模型和运动面域

建立求解域模型,执行 Draw/Reign 命令,在所弹出提示框中选中"Pad all directions similarly"选项,生成求解域模型。

由于在瞬态场中添加了运动条件,故需绘制运动面域 Band。执行 Draw Circle 画圆命令,圆心坐标为(0,0,0),半径 dx 为 84.75 mm,生成面域,使之覆盖转子部分,大小比转子铁芯外圆略大,选中运动面域,右键菜单中选择/Edit/Properties,将模型重命名为 Band,如图 3.16 所示。

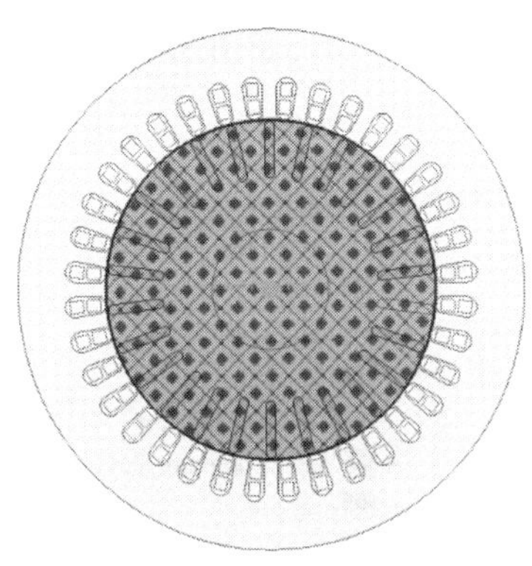

图 3.16　运动面域 Band 设置

3.2 参数设置

3.2.1 设置电机各部分材料属性

选中电机各部分模型,右键执行 Assign Material,找到对应材料之后,单击“确定”即可为模型部件添加材料属性。在有限元模型中,默认材料库仅包括电工领域常用的材料,更全面的电机材料在系统 RMxprt 材料库中(材料库设置路径为 Tools/Configure Libraries)。

各部分材料选择如下:

运动面域 Band 及外层面域——air;

转子笼条 bar——cast_aluminum_75 ℃;

定子绕组 coil——copper;

定子铁芯 Stator、转子铁芯 Rotor——50WW800;

转轴 Shaft——steel_1010。

至此,感应电机各个部件的材料属性定义与分配均已完成,模型管理器中各个部件的分布自动按材料进行归类,如图 3.17 所示。

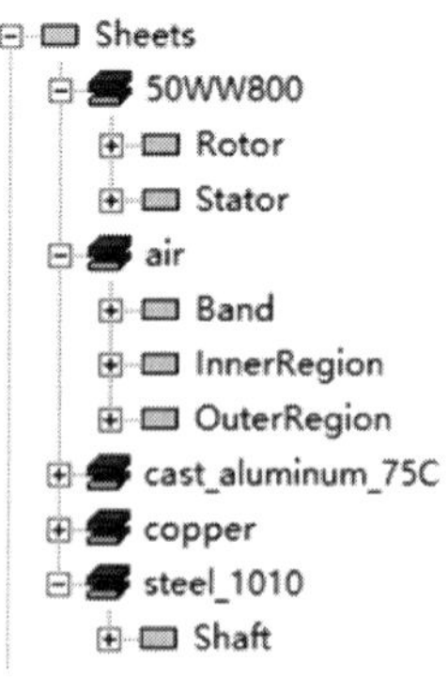

图 3.17 材料归类分布

3.2.2　设置绕组激励与边界条件

首先对电机进行绕组分相，电机绕组采用分布式绕组结构，相同颜色为同相绕组，分别表示 A、B、C 三相绕组，绕组排列顺序沿逆时针方向周期循环。

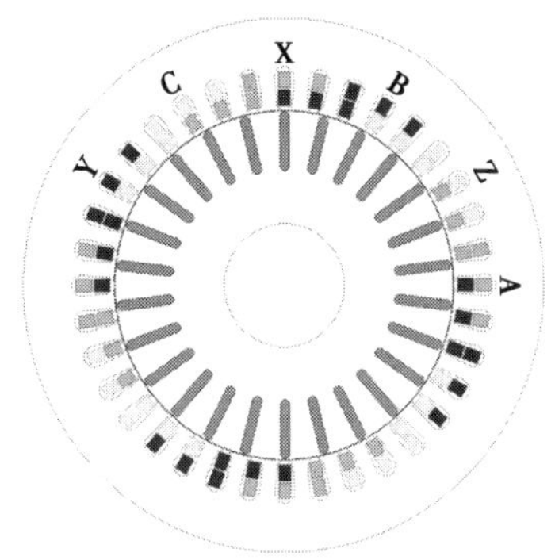

图 3.18　感应电机绕组排列

分相完成后，先用右键选择工程管理器 Excitations 栏中 Add Winding，将其重命名为 WindingA，选择类型为 Voltage，绕组类型为 Stranded，其他参数设置如图 3.19 所示。依次添加 WindingB、WindingC，但要注意三相电源的相位差别，即电压一栏中分别设定 537.3 * sin(2 * pi * 50 * time)、537.3 * sin(2 * pi * 50 * time−2 * pi/3) 和 537.3 * sin(2 * pi * 50 * time−4 * pi/3)。

Name: WindingA

Parameters

Type:	Voltage	○ Solid ◉ Stranded
Initial Curr	0	A
Resistance	1.06351	ohm
Inductance	0.00186909	mH
Voltage	380*1.414*sin(2*pi*50*	
Number of parallel branc	1	

图 3.19　WindingA 电压激励源参数

加载电压激励源之后，选中所有 A 相绕组，单击 Maxwell 2D/Excitations/Assign/Coil。本例中感应电机定子绕组采用双层，每槽导体数为 28，故设置各层绕组导体数分别为 14，将极性 Polarity 设置为 Positive，并将其重命名为 phA_0。其余绕组按照逆时针方向分别设置为 X 相，B 相，Y 相，C 相，Z 相。其中 A 相，B 相，C 相极性为 Positive，而 X 相，Y 相，Z 相极性为 Negative。

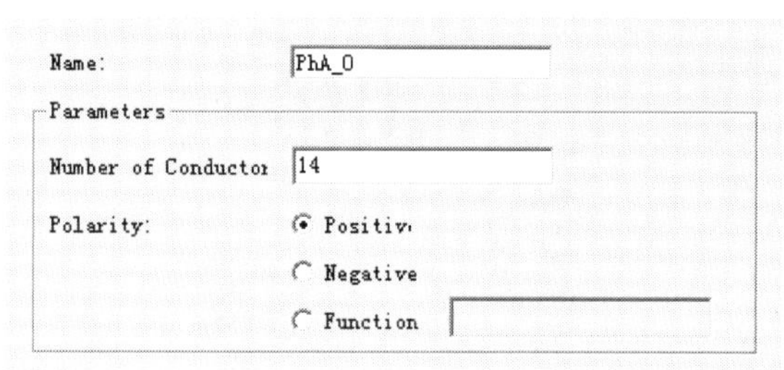

图 3.20　线圈设定界面

右键 Winding 执行 Add coils。将 A，X 相绕组添加到 WindingA 中；B，Y 相绕组添加到 WindingB 中；C，Z 相绕组添加到 WindingC 中。

选中所有的转子笼条（bar），右键执行 Assign Excitation/End connection 设置端环，将笼条连接起来，如图 3.21 所示。对端环电阻、电感进行设置，根据每相端环电阻公式（3-1）得出端环电阻值（$3.6*10^{-6}\Omega$）。

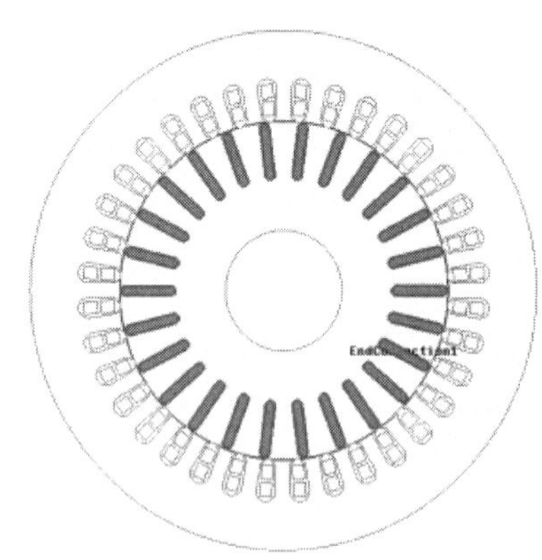

图 3.21　转子端环设置

$$R_2 = \rho_\omega \frac{\pi D_R}{Z_2 A_R} \tag{3.1}$$

式中，ρ_ω 为端环电导率，Z_2 为转子导条数，D_R 为端环平均直径，A_R 为端环截面积。

在有限元计算过程中，定转子部分的铁芯损耗根据斯坦梅茨方程拟合进行计算，在模型硅钢片材料中已经默认设置 K_h（磁滞损耗系数），K_c（经典涡流损耗系数），K_e（附加涡流损耗系数）。

涡流损耗是电机内部导电材料在旋转磁场作用下形成的损耗，定转子铁芯中的涡流损耗已经计算在铁芯损耗内；感应电机转子导条、永磁电机永磁体以及永磁体表面的护套还会有一部分涡流损耗，该部分损耗可以通过软件另行计算。

右键选择工程管理器 Excitations 栏，执行 Set Core Loss，选中定子铁芯和转子铁芯，完成铁芯损耗求解设置，如图 3.22 所示。

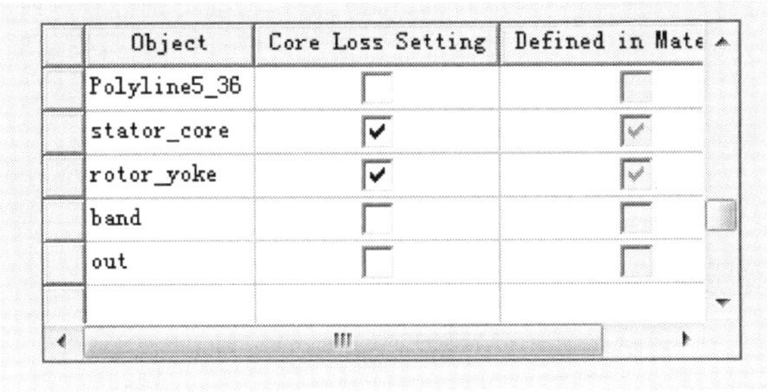

Object	Core Loss Setting	Defined in Mate
Polyline5_36	☐	☐
stator_core	☑	☑
rotor_yoke	☑	☑
band	☐	☐
out	☐	☐

图 3.22　铁芯损耗计算设置

同样的方法，右键选择工程管理器 Excitations 栏，执行 Set Eddy Effect 对所有的鼠笼条（bar）设置笼条涡流损耗计算，如图 3.23 所示。

电机铁芯外边界条件设为零向量磁位边界条件，近似认为磁感线平行于所给定的边界线，没有磁感线穿过铁芯外边界，即磁场全部在铁芯内分布。首先执行 Edit/Select/Edge 命令选择定子外圆边界线，再执行 Maxwell 2D/Boundaries/Assign/Vector Potential 施加边界，参数设置为 0，边界条件设置结果如图 3.24 所示。

Object	Eddy Effect
bar	✔
bar_2	✔
bar_3	✔
bar_4	✔
bar_5	✔
bar_6	✔
bar_7	✔

图 3.23　转子笼条涡流损耗计算设置

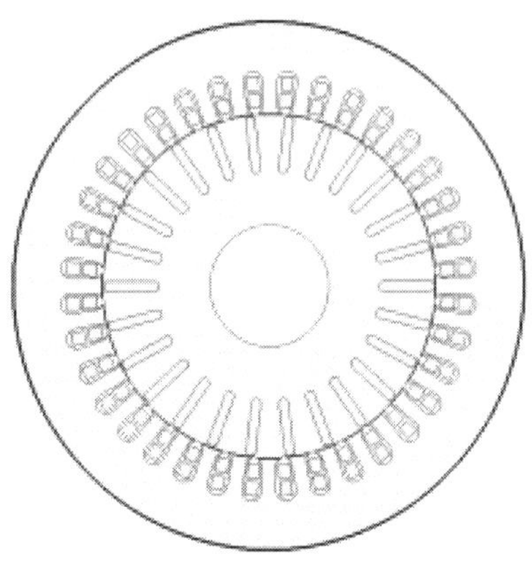

图 3.24　零向量磁位边界条件

3.2.3　运动选项设置

先选中 Band 面域，右键单击 Assign Band 进行运动设置。在 Type 栏中选择运动方式为 Rotation，旋转方向为绕 Z 轴正方向旋转。在 Mechanical 栏中勾选 Consider Mechanical Transient，再根据仿真要求进行转动惯量、阻尼系数、负载转矩的设置。

(1)转子转动惯量

电机运行是机械过程和电磁过程的综合过程，转动惯量代表机械过程的参数，其工程实用形式为

$$J=\frac{GD^2}{4g} \tag{3.2}$$

式中，G 为旋转钢体的重力（质量为 $m=G/g$）；D 为钢体的回转直径，对于外径为 D_1 的实心圆柱体，有 $D=\frac{D_1}{\sqrt{2}}$，对于外径为 D_1、内径为 D_2 的同心式圆柱体，有 $D=\frac{\sqrt{D_1^2+D_2^2}}{\sqrt{2}}$。

（2）阻尼系数

阻尼系数按下式计算：

$$\xi=\frac{\Delta p}{\left(\frac{2\pi n}{60}\right)^2} \tag{3.3}$$

式中，Δp 为机械损耗和风磨损耗，机械损耗通常取额定功率的 1.5%，风磨损耗通常取额定功率的 1%。

（3）负载转矩

负载转矩按下式计算：

$$T=P/\frac{2\pi n}{60} \tag{3.4}$$

式中，P 为额定功率（单位为 W），n 为感应电动机额定转速。

3.2.4　设置剖分参数与剖分操作

系统自带的网格剖分设置有 On Selection、Inside Selection 和 Surface Approximation，各自的意义为对物体边界内指定剖分规则、对物体内部指定剖分规则和对物体表层指定剖分规则。

（1）On Selection 剖分设置

On Selection 剖分设置中分为 Length Based Refinement 设置和 Skin Depth

Based Refinement 设置。On Selection 剖分设置主要作用在剖分物体边界上，剖分设置中的 Length Based Refinement 是基于单元边长的剖分设置，其含义为在所选的物体边界上，最大的剖分三角形边长要给予所指定的数值。On Selection/Length Based Refinement 设置项的参数说明如下：

①Name 项可以给剖分操作定义名称。

②Length of Elements 项为设定所要剖分的单元最大边长数值，该数值为剖分三角形边长的最大值。对于比较粗糙的剖分，该值按照模型比例可以适当调大；对于比较细致的剖分，该值则可以适当调小。

③Number of Elements 为设定网格三角单元的最大个数，要求使用在规定的个数内的剖分单元，以免过大的剖分单元无节制地占用内存资源。这两个设定条件可以仅用一种或两者同时起作用，通过勾选对应框来决定究竟激活哪个约束条件。

(2)Inside Selection 剖分设置

Inside Selection 项设定的是物体整个内部的剖分。选择要进行剖分的物体，执行 Maxwell2D/Mesh Operations/Assign/inside Selection/Length Based Refinement 命令。

(3)Surface Approximation 剖分设置

Surface Approximation 是对边界为曲线类的物体进行进一步的细致剖分。其剖分设置分为三个部分，如图 3.25 所示。

①Maximum Surface Deviation 圆内三角形最大弦长，因为圆环之类的边界最后都要划分成一个个三角形组成的区域，也就是说要有多条弦来近似成圆环，则 Maximum Surface Deviation 值就是设定这个最大弦长的数值。

②Maximum SurfaceNomal Deviation 弦所对应的三角形内角的角度，将该值设定得过小会造成边界上的三角形形状狭长。

③Maximum Aspect Ratio 为剖分三角形外接圆半径除以 2 倍内接圆半径的比值，该比值可以设定三角形的基本形状。

Maximum Surface Deviation网格剖分设置
Maximum Surface Deviation=D

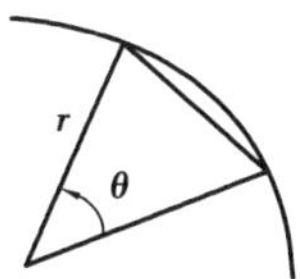

Maximum Surface Deviation网格剖分设置
Maximum Surface Deviation= θ

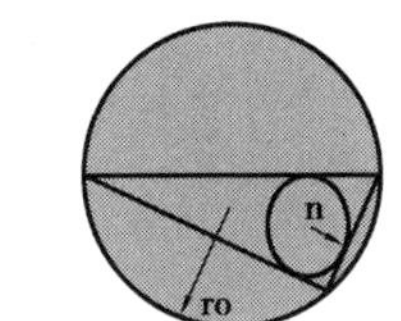

Maximum Surface Deviation网格剖分设置
Maximum Surface Deviation=ro/(2ri)

图3.25　Surface Approximation 网格设置中各部分的数学含义

选中各部分模型，执行 Maxwell 2D/Mesh Operations/Assign/On selection/Length Based Refinement 进行剖分设置（注意：剖分的质量也会对计算结果产生影响）。给出的剖分示例如下（未必是最优剖分设置）：

选中导线（定子绕组）对应区域，设置剖分尺寸为 6 mm；选中笼条对应区域，设置剖分尺寸为3 mm；选中定子冲片和外域，设置剖分尺寸为6 mm；选中转子冲片，设置剖分尺寸为 4 mm；选中 band 对应区域，设置剖分尺寸为 2 mm。

执行 Maxwell 2D/Mesh Operations/Surface Approximation 进行剖分设置，选中笼条对应区域，将 Set maximum surface deviation 设置为 0.3 mm，将 Set maximum normal deviation 设置为 15deg；选中定子冲片，将 Set maximum surface deviation 设置为 0.5 mm，将 Set maximum normal deviation 设置为 5deg；选中转子冲片，将 Set maximum surface deviation 设置为 0.5 mm，Set maximum normal deviation 设置为 15deg。最终电机几何模型剖分如图 3.26 所示。

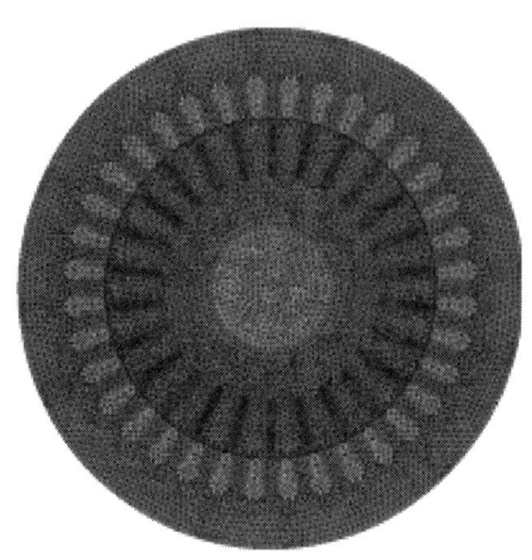

图 3.26　电机模型剖分

3.2.5　求解设置

瞬态磁场求解设置中的 General 设置项有 Stop time 停止时刻设置和 Time step 计算时间步长设置，通过该选项定义，可以设定仿真的终止时间和计算时间间隔。执行 Maxwell 2D/Analysis Setup/Add Solution setup 设置仿真时间、仿真步长及场图信息保存。本项目设定 Stop time 为 1 s，设置 Time step 为 0.2 ms。

3.3　电机仿真结果分析

3.3.1　电机空载结果分析

单击工程管理器 Model 栏前+号，在展开的 Model 栏中双击 MotionSetup1，进行运动面域设置。Type 栏中转动方式选择 Rotation，Mechanical 栏中转动惯量 Moment of Inertia 设置为 0.097 kg·m^2；电机空载运行时，存在一部分机械损耗，对应的转矩设置为-1.7N·m。

(1)电机空载运行电流与电压分析

右键选择工程管理器中 Results 栏，执行 Create Transient Report/Rectangular，单击 Winding，选中 InputVoltage(WindingA)、InputVoltage(WindingB)、InputVoltage(WindingC)，单击 New Report 以创建定子三相输入电压波形图，结果如图 3.27 所示，各项绕组输入电压有效值均为 380 V。

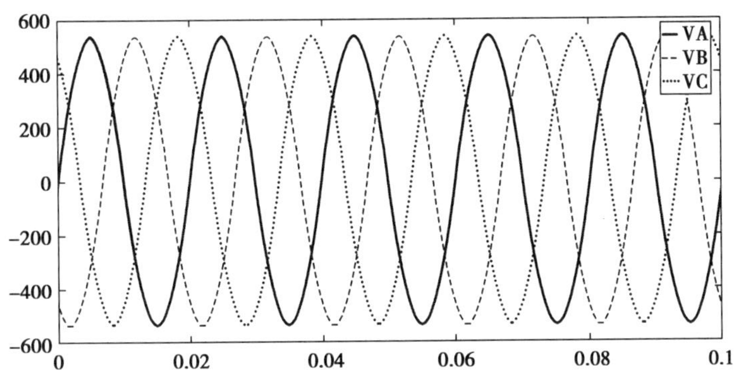

图 3.27　空载运行输入电压波形图

右键选择工程管理器中 Results 栏，执行 Create Transient Report/Rectangular plot 进行结果查看，单击 Winding，按住 Ctrl 键选中 Current(WindingA)、Current(WindingB)、Current(WindingC)，单击 New Report 以创建三相绕组中定子电流波形图。

随着电机转速的增高，旋转磁场与转子的相对运动减慢，磁场切割转子笼条的速度减小，转子笼条中感应电动势减小，故转子导体中电流减小，定子电流也相应减小，如图 3.28 所示，在 0.2 s 后，定子电流趋于稳定，有效值约为 8.95 A。

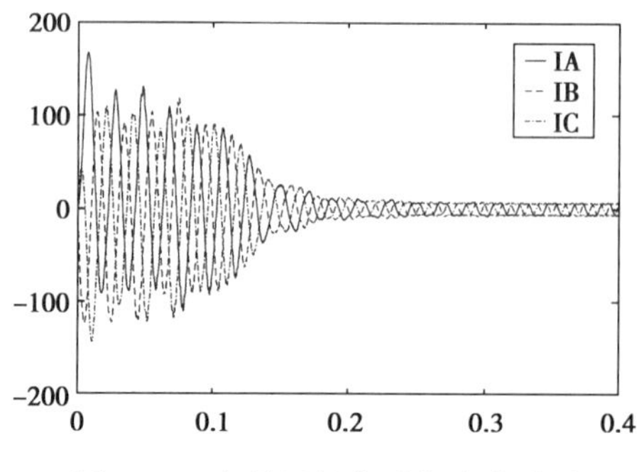

图 3.28　空载运行定子电流波形图

(2)电机空载运行转矩与转速分析

电机在空载运行时,在起动瞬间转子笼条中感应电流非常大,故笼条将会产生很大的电磁力,此时电机转子转矩较大。随着起动时长增加,电机转速增大,相应的电磁转矩逐渐下降,并趋于稳定。右键选择工程管理器中 Results 栏,执行 Create Transient Report/Rectangular,单击 Torque,选中 Moving1. Torque,单击 New Report 以创建电机转矩波形图,如图 3.29 所示。

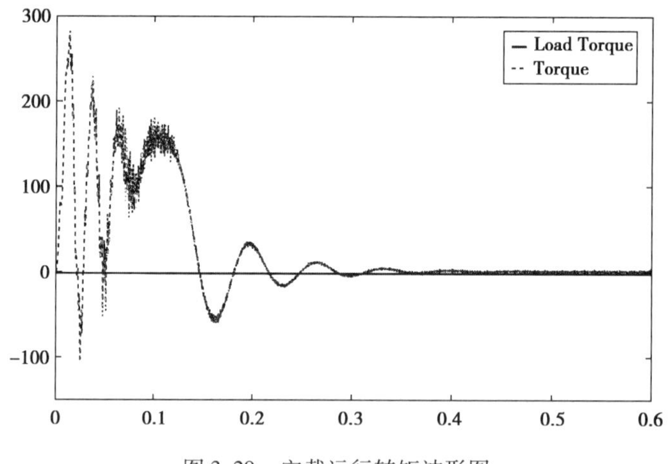

图 3.29　空载运行转矩波形图

四极感应电动机的同步转速 n_s = 1 500 r/min。由异步电动机的工作原理可知,电机在运行时,转速总是略低于同步转速。右键选择工程管理器中 Results 栏,执行 Create Transient Report/Rectangular,单击 Speed,选中 Moving1. Speed,单击 New Report 以创建电机转速波形图,如图 3.30 所示。电机空载运行约 0.25 s

后，转速在1 499 r/min附近达到稳定状态。

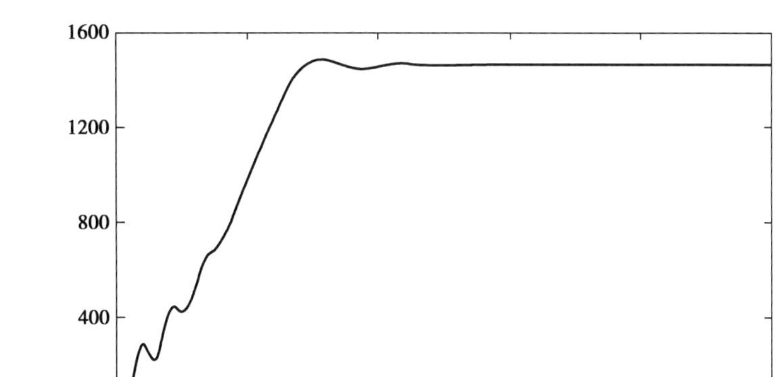

图3.30　空载运行转速波形图

(3)磁感线及磁密分布

在模型绘制窗口选中定子冲片、绕组、转子冲片、笼条、转轴、band，右键执行Fields/A/Flux_lines，在弹出的窗口In Volume栏选中All Objects，单击Done，创建磁感线分布图。双击模型绘制区域左下角Time，在Time栏选取想要观察的时刻（需在求解选项中设置），选择不同时刻即可查看不同时刻的磁感线分布图。电机空载运行1 s磁感线分布如图3.31所示，由图可以看出在一对极下磁感线对称均匀分布。

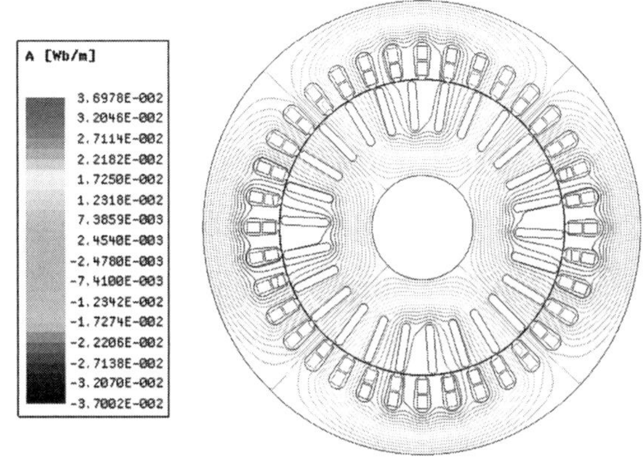

图3.31　电机空载磁感线分布图

为了更加清晰地对电机内磁场数值大小进行分析,对电机空载磁密分布图进行查看。在模型绘制窗口选中定子冲片、绕组、转子冲片、笼条、转轴、band,右键执行 Fields/B/Mag_B,在弹出的窗口 In Volume 栏选中 All Objects,单击 Done 以创建磁密分布图。电机空载运行 1 s 磁密分布如图 3.32 所示,定子轭部磁密为 1.14 ~1.57T。定子齿部饱和程度较高,在 1.7T 左右;转子齿顶处磁密为 1.3T 左右,而齿根处磁密饱和程度较高,为 1.7T。

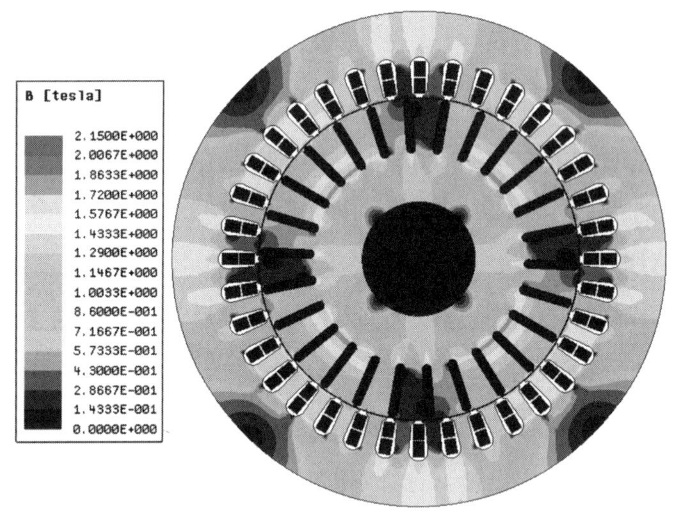

图 3.32　电机空载运行磁密分布图

3.3.2　电机负载结果分析

11 kW 感应电动机额定负载运行时负载转矩大小为 71.48 N·m。单击工程管理器 Model 栏前+号,在展开的 Model 栏中双击 MotionSetup1,进行运动面域设置。Type 栏中转动方式选择 Rotation,将负载转矩 Load Torque 调整设置为 -73.18 N·m,负号表示与电机转速相反。

(1)电机负载运行电流分析

根据异步电机工作原理,当电机负载运行时,转子转速会下降,转子笼条与旋转磁场的相对运动会加快。故转子笼条上的感应电动势和感应电流都会增大，从而引起定子电流发生变化。定子电流中除了激磁分量以外，还将出现一个补偿转子磁动势的“负载分量”。用同样的方法创建定子绕组三相电流波形图，结果如图 3.33 所示，负载运行时定子线电流有效值为 21.15 A。

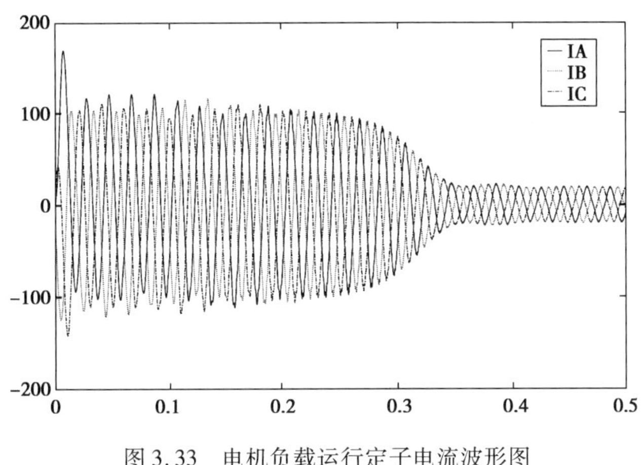

图 3.33　电机负载运行定子电流波形图

(2)电机负载运行转速分析

创建电机转速波形图同空载操作，最终得到额定负载电机转速波形如图 3.34 所示，电机稳定运行后转速平均值为 1 461 r/min。正常情况下，感应电动机的转子转速总是略低于旋转磁场的转速(同步转速 n_s)，而旋转磁场的转速 n_s 与转子转速 n 之差称为转差，用 Δn 来表示，$\Delta n=n_s-n$。转差与同步转速的比值称为转差率用 s 表示，即

$$s=\frac{n_s-n}{n_s} \tag{3.5}$$

此时电机的转差率约为 0.028。

(3)负载运行电机损耗分析

右键选择工程管理器中 Results 栏，执行 Create Transient Report/Rectangular，单击 Loss，选中 StrandedLossR、CoreLoss、SolidLoss，单击 New Report 以创建电机铁芯损耗、铜耗和转子铝耗波形图，如图 3.35 所示。当电机负载运

行稳定后,铁芯损耗平均值为 305 W,定子铜耗为 479 W,转子铜耗为 213 W。

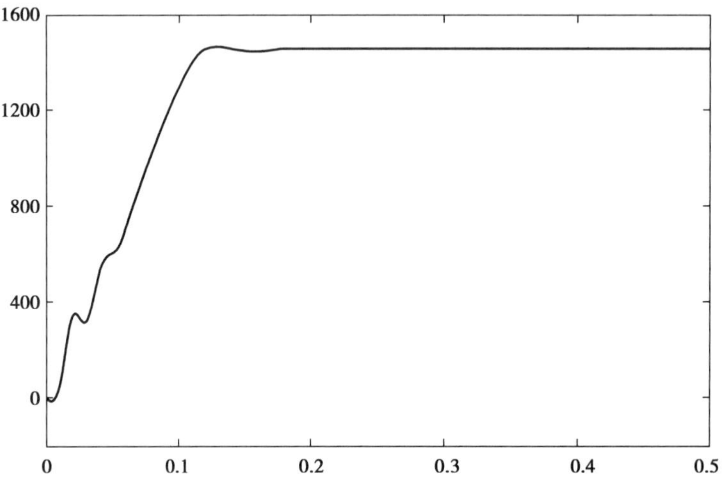

图 3.34　电机负载运行转速波形图

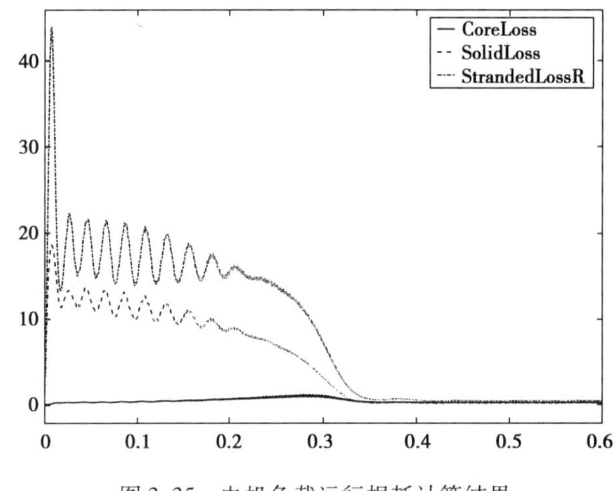

图 3.35　电机负载运行损耗计算结果

(4)电机负载运行磁感线及磁密分布

创建负载运行时,电机磁感线和磁密分布图如图 3.36、图 3.37 所示,在一对极下磁感线对称均匀分布。定子轭部磁密为 0.9 ~ 1.5T,定子齿部饱和程度较高,达到了 1.8T。转子齿顶处磁密为 1.5T,而齿根处磁密饱和程度较高,达到了 1.68T。

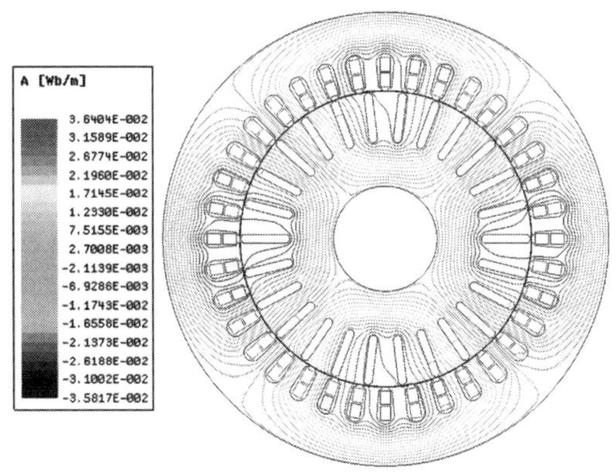

图 3.36　电机负载运行磁感线分布图

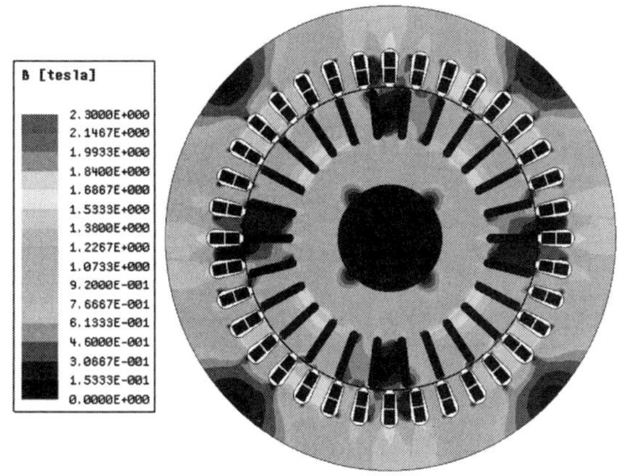

图 3.37　电机负载运行磁密分布图

3.4　实验与仿真数据对比分析

实验设备主要包括电源、11 kW 4 极三相感应电动机、功率测试仪、测功机、HIOKI PW6001 功率分析仪等。记录电机在空载和负载条件下的电流、电压、转速、转矩和功率因数等基本参数，图 3.38 是电机的实验平台。

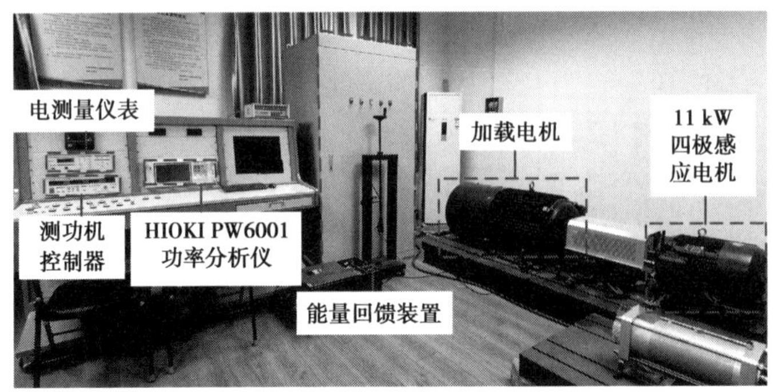

图 3.38　电机实验平台

表 3.2　实验与有限元仿真结果

对比参数	实验数据	有限元计算	误差
转速	1 469	1 461	0.54%
负载电流(A)	21.97	21.15	3.73%
功率因数	0.836	0.864	3.24%
空载电流(A)	9.38	8.95	4.58%
堵转转矩	177	170.8	3.55%
堵转电流	164	152	7.32%

实验测试平台的测试结果与有限元仿真结果对比见表 3.2。从表 3.2 可以看出,此电机在空载与负载运行状态下的有限元计算数据和实验数据吻合良好,误差满足工程研究需要。而在堵转实验中,受漏抗、转子笼条及端环电阻影响,堵转电流变化较为敏感,相较其他性能参数误差较大。

3.5　感应电机分裂绕组的设计与分析

电机调速一直以来都是电机的关键技术,在众多的调速方法中,采用变频调速的居多,对于异步电机来说,大部分都采用变频调速。而电机的变频调速又分为两种情况，基频下通常采用恒转矩调速，基频上采用恒功率调速。当电机的频率超过基频时，将保持额定电压不变，这时电机的主磁通会随着频率的升高而降低，属于恒功率调速。在恒功率状态下，电机速度升高会使电机气隙磁场下降，使电机输出最大转矩减小、过载能力降低。为解决这一问题，采用了定子分裂绕组结构，低速时绕组全部投入运行，保证电机有较大的输出转矩，在高速时部分定子绕组投入运行，从而增加磁通提高电机的输出转矩和调速范围。

3.5.1　分裂前电机性能随速度变化分析

根据电机学基本理论及其等效电路，电磁功率 $P_e = m_1 E_2' I_2' \cos\psi_2$，$E_2' = \sqrt{2}\pi f_1 N_1 k_{w1} \varphi_m$，$I_2' = \dfrac{m_2 k_{w2} N_2}{m_1 k_{w1} N_1} I_2$，$\Omega_s = 2\pi f_1 / p$，可以得出电机的转矩公式为

$$T_e = \frac{1}{\sqrt{2}} p m_2 N_2 k_{w2} \Phi_m I_2 \cos\psi_2 = C_T \Phi_m I_2 \cos\psi_2 \tag{3.6}$$

式中，C_T 为感应电机转矩常数，从公式中可以看出，电磁转矩与气隙主磁通 Φ_m 和转子电流有功分量 $I_2 \cos\psi_2$ 成正比，电机气隙主磁通下降会使电磁转矩减少。通过提高频率来提高电机的速度，在电机匝数不变的情况下，受电压恒定限制，电机的主磁通会减少，导致电机的最大转矩减小，过载能力降低；而且定子铁芯在导磁能力方面无法得到充分利用。为保证电机不因短时间过载而停转，一般过载转矩倍数为 1.6 ~ 2.5。以一台 4 极、11 kW 的感应电动机为研究对象，通过有限元计算得出在恒功率下，基频以上不同速度时电机的过载转矩倍数和气隙磁密，如图 3.39 所示。

从图 3.39 可以看出，随着转速的上升，电机的过载转矩倍数和气隙磁密急剧下降，当同步转速为 2 000 r/min 时，电机的过载转矩倍数下降了 28.8%，下降到了 1.6 以下，气隙磁密也下降了 25.2%。

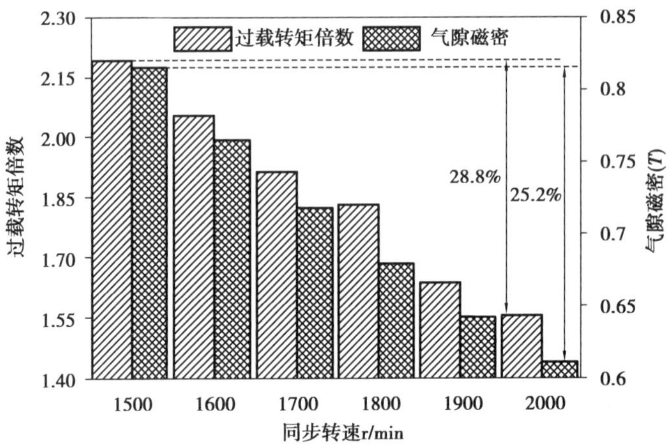

图 3.39　不同速度下过载转矩倍数和气隙磁密

此外,由于电机速度的升高,磁通减少,用来产生磁场的无功电流、无功功率也会减小,电机的功率因数会有一定程度的提高;电机的总损耗在速度变化的过程中没有明显改变,表 3.3 给出了不同速度下电机各部分的损耗和功率因数。

表 3.3　不同速度下电机各部分损耗及功率因数

转速/(r·min^{-1})	铁芯损耗/W	定子铜耗/W	转子铜耗/W	总损耗/W	功率因数
1 500	304.9	478.8	213.5	997.2	0.864
1 600	316.2	458.7	204.7	979.6	0.878
1 700	327	446.3	199.2	972.5	0.892
1 800	338.2	440.9	197.5	976.6	0.893
1 900	349.5	438.2	197.5	985.2	0.899
2 000	359.9	423	197.4	980.3	0.902

电机同步转速由 1 500 r/min 调节到 2 000 r/min 过程中,电机铁芯损耗随运行频率不断升高而逐渐增大。电机的功率因数在同步转速为 2 000 r/min 时,相对于 1 500 r/min 提高了 4.4%。由于功率因数的升高,电机的定子铜耗随定子电流的减小而减小,电机的总损耗变化在 3% 以内。

3.5.2　分裂绕组对电机性能的影响分析

当电机速度升高时,从上述分析可以看出电机的过载能力和气隙磁密会大幅度下降,会严重影响电机的运行性能。为解决这一问题,有必要采用定子分裂绕组的结构。电机在高速运行时,减少定子绕组投入运行的匝数,实现电机气隙磁密和过载能力的提升。

(1)绕组分裂前后电机性能对比分析

定子分裂绕组结构是指把绕组分为两段引出,低速运行时绕组全部接入,高速运行时绕组部分接入,分裂绕组的工作原理图如图 3.40 所示。

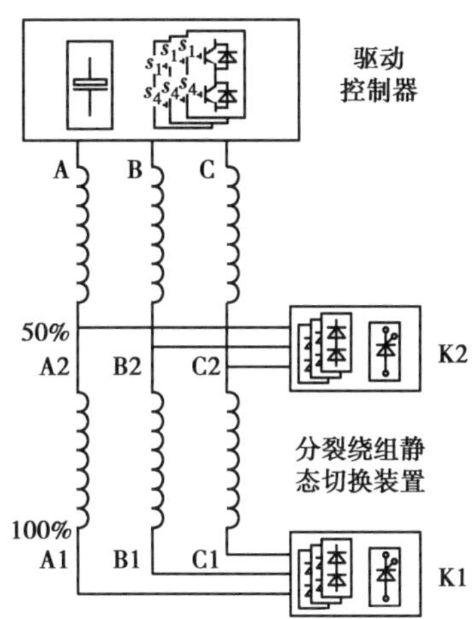

图 3.40　分裂绕组的工作原理图

当静态切换装置 K1 将 A1、B1、C1 短接,K2 断开时,绕组全部接入;当 K1 断开、K2 将 A2、B2、C2 短接时,下面的绕组被切断,全部绕组接入改为部分绕组接入。

从以上研究可知,同步转速达到 2 000 r/min 时,电机的过载转矩倍数已经下降到 1.6 以下,此时为了提高过载能力,把全部绕组接入改为部分绕组接入。为了保证绕组分裂后电机主磁通与额定状态下相同,频率提高的倍数应与绕组匝数减少的倍数一致，即同步转速 2 000 r/min 时每槽每层绕组应由 14 匝变为 10.5 匝，因此电机在同步转速 2 000 r/min 时，每槽每层绕组数按照 10 匝和 11 匝两种情况分别进行研究。采用时步有限元法对电机的性能参数进行计算，图 3.41 给出了绕组分裂前后电机的过载转矩倍数和气隙磁密对比。

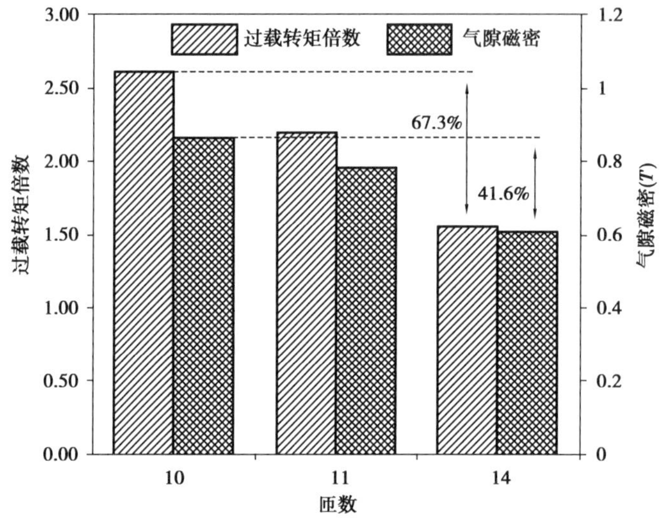

图 3.41　分裂前后过载转矩倍数和气隙磁密对比

从图 3.41 中可以看出分裂后与分裂前相比，电机的过载转矩倍数和气隙磁密都得到了极大的提高，分裂 10 匝与分裂前相比过载转矩倍数提高了 67.3%，且比分裂为 11 匝时过载转矩倍数高出了 19.2%，气隙磁密与分裂前相比也增加了 41.6%。

绕组分裂运行后电机损耗和功率因数也相应产生一些变化，分裂后电机主要性能参数变化见表 3.4。

表 3.4　分裂为 10 匝和 11 匝时电机性能参数变化

匝数	定子电流/A	铁芯损耗/W	定子铜耗/W	转子铜耗/W	总损耗/W	气隙磁密/T	功率因数	过载能力
10	13.6	408.4	427.3	132.3	968	0.864	0.788	2.61
11	12.5	381.7	391	134.9	907.6	0.783	0.849	2.19
14	11.6	359.9	423	197.4	980.3	0.61	0.902	1.56

分裂后电机匝数减小，主磁通增加，导致了电机励磁电流（无功电流）增大，无功功率增大，功率因数会有相应的降低，功率因数由分裂前的 0.92 降低到了 0.788 和 0.849；定子电流增大、绕组电阻又变小使电机损耗也产生一定的变化，分裂为 10、11 匝时总损耗相对于分列前分别减少了 1.2%、7.4%。

(2)绕组分裂不同匝数时电机性能参数的变化

通过以上研究发现，分裂后电机的过载能力会有明显的提高。与此同时，其他性能也会有所变化。为了进一步研究分裂绕组对电机性能影响的一般规律，对电机分裂范围进行了扩大研究，图 3.42、图 3.43 给出了电机同步转速 2 000 r/min 时，绕组分裂不同匝数时电机各部分的损耗和性能参数的变化。

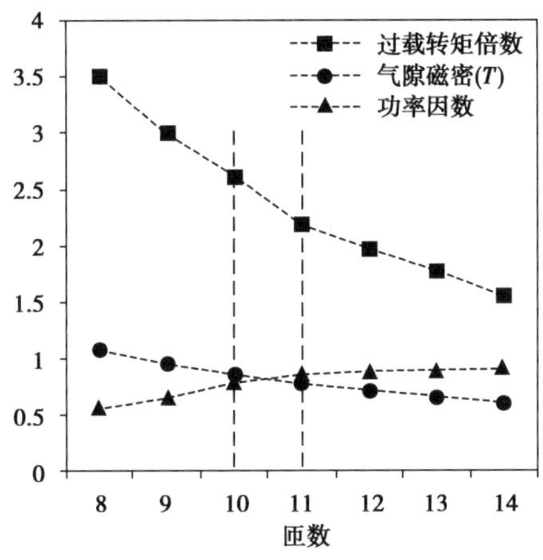

图 3.42　分裂不同匝数时电机性能参数的变化

从图中可以看出，随着定子绕组投入运行的匝数减少，电机的过载能力逐渐增大。分裂为 13 匝时，电机的过载转矩倍数为 1.78，此时可以满足电机的一般过载要求；减少到 11 匝之后，电机的主磁通开始大于额定状态下的主磁通，此时电机的过载转矩倍数开始急剧增大；分裂为 8 匝时，过载转矩倍数已经达到了 3.51，是分裂前的 2.25 倍。电机的功率因数随着绕组匝数的减少逐渐降低，分裂为 8 匝时功率因数为 0.555，与分裂前相比下降了 38.5%。

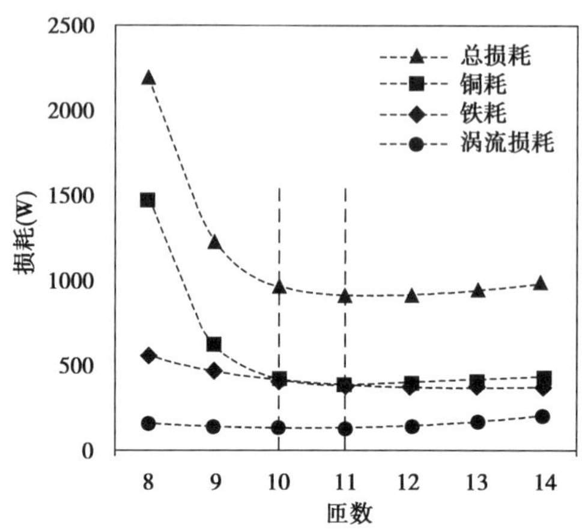

图 3.43　分裂不同匝数时电机各部分损耗变化

电机匝数从 14 匝下降过程中,电机总损耗逐渐减少,11 匝之后总损耗逐渐增大,而且当绕组减少到 9 匝时总损耗相对于额定运行状态(频率为 50 Hz)增加了 230 W(23.1%),将会带来严重的发热问题,已经不适合继续减小电机绕组匝数。铁耗随着定子绕组投入运行的匝数减少而增多,11 匝之前铁耗增加缓慢,11 匝以后增加的速度加快。定子铜耗由定子电流和绕组电阻大小共同决定,绕组匝数变化时,定子电流和绕组大小都会发生变化,定子绕组匝数为 14 ~ 11 匝,定子铜耗逐渐减少,绕组减少到 11 匝之后铜耗逐渐增大。

3.5.3　绕组分裂原则的确定

经上述分析发现,电机绕组分裂的匝数不同时,电机过载转矩倍数、气隙磁密及电机其他性能也会有所变化。此外,电机绕组分裂转速点(以上分析是暂定同步转速为 2 000 r/min)的设置也尤为重要。为了研究分裂绕组对电机性能影响的一般规律,进一步确定绕组的分裂原则,需展开以下研究。

(1)分裂匝数与电机运行速度对应关系

电机的同步转为 2 000 r/min 时,绕组分裂为 10 匝时对电机的性能改善最佳,所以先以分裂 10 匝为例进行研究。当绕组分裂为 10 匝时,运行在不同速

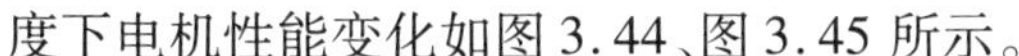
度下电机性能变化如图 3.44、图 3.45 所示。

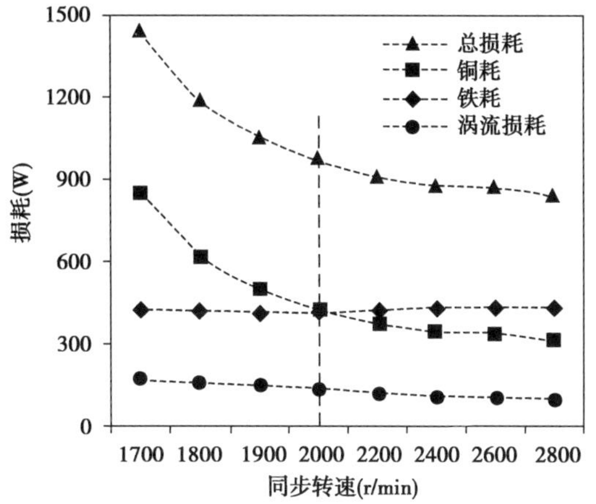

图 3.44　分裂为 10 匝时电机不同速度下的损耗变化

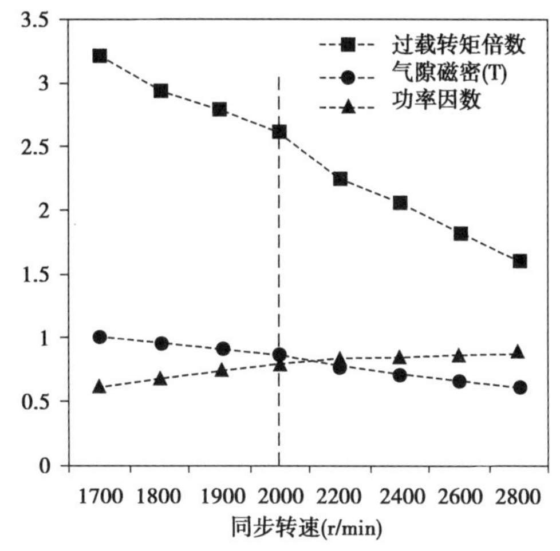

图 3.45　分裂为 10 匝时不同速度下电机的性能参数变化

从图中可以看出，在恒定 11 kW 功率运行条件下，当电机的同步转速从 2 000 r/min 降到 1 800 r/min 时，电机的总损耗和铜耗会急剧增加。在 1 800 r/min 时，电机的定子电流为 16.5 A，比额定电流（频率为 50 Hz）增加了 35.2%，电流的增加导致铜耗急剧增加，使电机的总损耗增加。虽然在 1 800 r/min 时电机的过载转矩倍数为 2.94 比额定运行状态下提高了 34.2%，但损耗增加过多会给电机带来较大的发热问题,而且此时的功率因数为 0.683,与额定功率因数相比下降了 20.9%,分裂 10 匝时已不适合在此速度段运行。

随着电机运行速度的升高,电机的过载能力逐渐降低,同步转速达到 2 800 r/min 时过载转矩倍数下降到 1.61,但也大于电机性能设计的一般要求(拟定 1.6 倍),此时电机的总损耗与运行在额定状态下相比减少了 159.6 W(16%)。为了保证满足电机的过载要求,此时已经不再适宜继续提高电机的转速。

通过以上分析可知,分裂为 10 匝时,若同步转速为 1 800 r/min,损耗增加过多会给电机带来较大的发热问题:在 1 900 r/min 时电机的发热量会明显减少,而且其他性能也满足电机要求。随着电机的速度升高,电机的过载能力会逐渐下降,同步转速达到 2 800 r/min 时还可以基本满足电机的过载要求。所以分裂为 10 匝时电机的同步转速调节范围为 1 900 r/min ~ 2 800 r/min。

(2)绕组分裂匝数和分裂段数的确定

从上述分析可知,绕组匝数不同时,电机运行的速度范围会有所不同,类比以上分析得出了绕组分裂不同匝数时电机的运行范围,如图 3.46 所示。

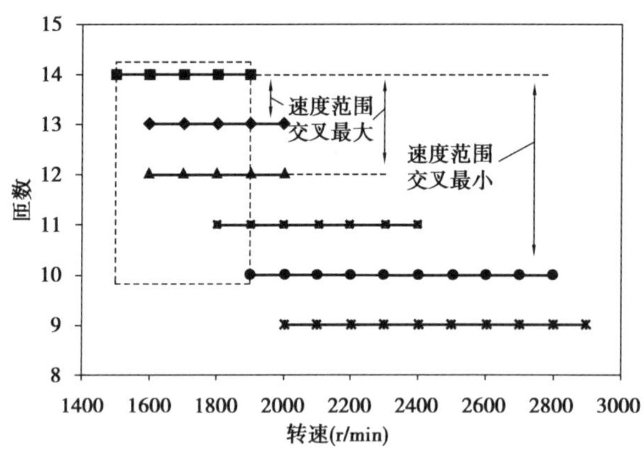

图 3.46　分裂不同匝数时电机运行转速范围

不同绕组匝数下,电机运行的速度范围不同,但有一定的交叉范围,为了避免分段数过多,减少电机的控制复杂程度,在进行绕组分段时尽可能地选择最小的速度交叉范围。在分裂前,电机的绕组为 14 匝,电机的同步转速调节范围是1 500 r/min ~ 1 900 r/min,分裂后电机的绕组为10匝时,同步转速调节范围为1 900 r/min ~ 2 800 r/min)。两者的交叉范围最小,所以电机绕组分裂转速点设置在同步转速为1 900 r/min附近,电机的同步转速调节范围扩展到1 500 r/min ~ 2 800 r/min。

(3)绕组分裂转速点的确定

电机绕组在14匝(分裂前)和10匝时,电机的同步转速都能调节到1 900 r/min,但它们在此速度运行下的性能会有所不同。为了进一步确定分裂转速点,对比分析该转速范围下分裂前后电机性能。由于之前选取的速度范围较宽(间隔100 r/min),因此在分析中增加1 950 r/min转速点,重点对这两个转速点进行分析。电机的绕组为10匝和14匝同步转速调为1 900 r/min和1 950 r/min时,电机的损耗、功率因数和过载能力变化如图3.47和图3.48所示。

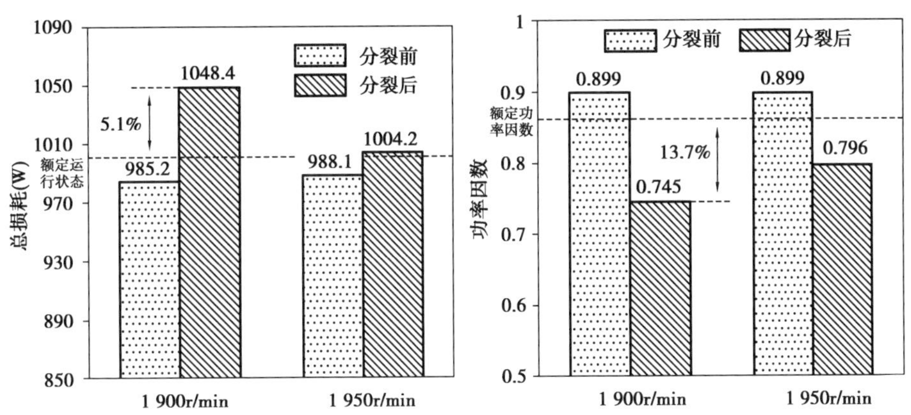

图3.47 1 950 r/min和1 900 r/min分裂前后损耗和功率因数的变化

分裂后同步转速为1 900 r/min和1 950 r/min时,电机的总损耗有所增加,在1 900 r/min和1 950 r/min时分别高出额定运行状态下5.1%、0.7%;功率因数有所减少,在1 900 r/min和1 950 r/min时与额定运行状态下相比分别减少了13.7%、8%;过载能力都远高于分裂前14匝,过载转矩倍数在1 900 r/min和1 950 r/min时分别高出额定运行状态下27.4%、20.1%。分裂前运行在14匝时,过载能力刚好满足电机设计一般要求,总损耗基本不变,功率因数提高在

5% 以内。

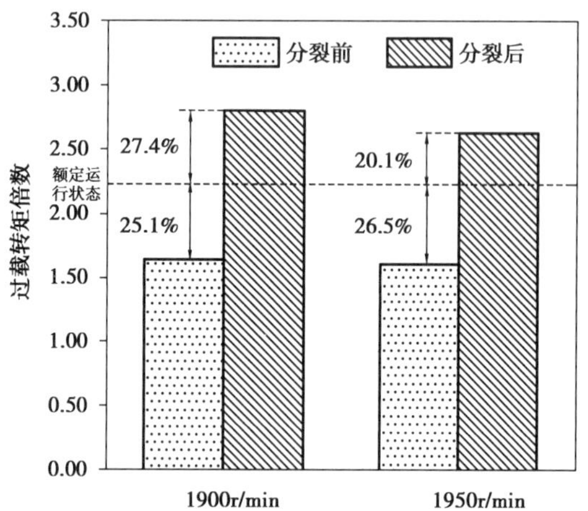

图 3.48　1 950 r/min 和 1 900 r/min 分裂前后过载转矩倍数的变化

通过分裂前后与额定状态下相比可以发现:分裂前,过载能力会下降很多,过载转矩倍数最大下降 26.5%,总损耗基本不变;分裂后,虽然损耗会有所增加,但增加的损耗不到额定状态下的 6%,过载能力却有了极大提高,过载转矩倍数最大提高 27.4%。综合考虑,转速在 1 900 r/min ~ 1 950 r/min,分裂运行效果更好。

第 4 章 永磁电机理论分析基础

4.1 概　述

4.1.1 永磁电机研究与开发的意义

电机是以磁场为媒介进行机械能和电能相互转换的电磁装置。为了在电机内建立进行机电能量转换所必需的气隙磁场,一种方法是在电机绕组内通以电流产生磁场,例如普通的直流电机和同步电机。这种电励磁的电机既需要有专门的绕组和相应的装置,又需要不断供给能量以维持电流流动;另一种是由永磁体建立磁场,由于永磁材料经过预先磁化(充磁)以后,不再需要外加能量就能在其周围空间建立磁场,既可以简化电机结构,又可以节约能量。

与传统的电励磁电机相比，永磁电机，特别是稀土永磁电机具有结构简单、运行可靠、体积小、质量轻、损耗小、效率高、电机的形状和尺寸灵活多样等显著优点，因此应用范围极为广泛，几乎遍及航空航天、国防、工农业生产和日常生活的各个领域。尤其是在高控制精度和高可靠性的场合，如航空、航天、数控机床、加工中心、机器人、电动汽车、计算机外围设备等，发挥着重要的作用，具有广泛的应用前景。

我国的稀土资源丰富，稀土储量、产量、出口量、消费量均全球领先，拥有全球最完整的稀土产业链。近年来，随着现代科学技术的快速发展，特别是稀土电磁材料的性能及工艺逐渐得到提高和改善，再加上电力电子与电力传动技术、自动控制技术的高速发展，永磁同步电机的性能越来越好。充分发挥我国稀土资源丰富的优势，大力研究和推广应用稀土永磁电机为代表的各种永磁电机，对我国科技的进步与产业的发展具有重要的意义。

4.1.2 永磁电机的主要特点

永磁电机应用范围极为广泛，几乎遍及航空航天、国防、工农业生产和日常生活的各个领域，由于其结构的特殊性，具有以下优点：

①结构简单、可靠性高。永磁电机取消了励磁绕组，也就取消了容易出问题的集电环和电刷装置，成为无刷电机，所以结构更加简单，运行更可靠。

②效率高。永磁电机省去了产生磁场所需的励磁功率和碳刷—滑环间的机械损耗，永磁电机效率得到提高。

③结构紧凑、体积小、质量轻。永磁电机是无刷电机，另外采用的稀土永磁可以增大气隙磁密，并把电机转速提高到最佳值。可以有效缩小电机体积，提高电机功率密度。

④功率因数高，节能。永磁同步电机在设计时可以对功率因数进行调节，可以达到 1，甚至容性，且与电机极数无关。当电机功率因数高时，电机电流小，

定子铜耗减小,从而更加节能。

⑤温升低。永磁电机因没有电励磁部分,也就没有了该部分损耗发热,因此永磁电机一般温升很低。

⑥对电网运行的影响小。永磁电机因转子无电励磁、功率因数高,对于电网品质因数的提高有所帮助,在电网中不再需要安装补偿器。

⑦电机的尺寸和形状灵活多样,应用范围广。

4.1.3　永磁电机的发展趋势

作为众多高新技术和高新技术产业的基础,永磁电机与微电子控制技术和电力电子技术的结合能够制造出许多新型、性能优异的机电一体化产品。永磁电机作为基础,是未来电机发展方向的典型代表之一。

主要发展方向包括高效节能方向、轻型化方向、高性能方向、机电一体化方向、专用电机方向。

近年来,随着能源环保理念的不断深入,以“智能化、电动化、电商化、共享化”为设计理念的新能源电动汽车获得了国内外众多汽车企业和研究学者的密切关注,推动了电动汽车的迅猛发展。考虑到各种复杂的工况条件,电动汽车对驱动电机提出了较高的性能需求。稀土永磁电机由于具有高功率密度、高效率与高可靠性等优点,在电动汽车驱动电机领域获得了广泛应用。然而,由于不断扩大的市场需求与不合理的开采利用等引发了稀土资源危机,而且随着国家对稀土进行严格管控,稀土的价格也在大幅上升,少稀土永磁电机甚至是非稀土永磁电机逐渐成为电机驱动领域的研究热点方向之一。

非稀土永磁材料比较有代表性的是铁氧体材料。铁氧体作为非稀土材料,具有资源稳定、成本较低的优点,因此多种类型的非稀土永磁电机都会采用铁氧体作为励磁源来提高电机性能。采用铁氧体永磁材料作为励磁源,可以实现零稀土永磁材料的消耗。然而,和稀土钕铁硼等材料相比,铁氧体由于本身剩磁低的缺点,易发生不可逆退磁,非稀土纯铁氧体永磁电机往往难以满足高功率密度应用领域的扭矩密度要求。

非稀土电机的综合性能一般与稀土永磁材料的电机相差较大,于是有学者引入多励磁源共同励磁的概念,提出了混合永磁型少稀土永磁无刷电机,采用稀土钕铁硼和非稀土铁氧体永磁共同励磁的形式;还提出了混合励磁电机结构,包括永磁体与电励磁两种磁势源,能够充分结合永磁电机高效率与电励磁电机灵活调磁的优点,结构设计多变,对单一励磁方式进行了有效的延伸和拓展,为节能电机和高性能电机的发展开辟一条新的途径。

4.2 永磁电机结构组成

4.2.1 永磁电机定子结构

与感应电机一样,永磁同步电动机也由定子、转子、转轴和端盖等部件组成,如图 4.1 所示。永磁同步电动机的定子结构与普通感应电机相同,也是采用硅钢片叠压而成,以减小磁场引起的涡流损耗和磁滞损耗。定子内圆位置冲有均匀分布的槽,定子绕组嵌入其中。在研发初期阶段,为了缩短开发周期,定子冲片可以一定程度上借鉴感应电机的定子冲片,但是为了充分发挥永磁电机的高磁通密度特性,优良性能的永磁电机需要对定子硅钢片进行优化设计,保证磁场分布的合理性。

在永磁电机等相关特种电机领域,定子铁芯除了采用常规的整圆冲片叠装而成外,为了解决边角料多、冲片材料利用率低、嵌线工作困难、生产效率低等相关问题,近年来也出现了新的电机定子铁芯制造方法。比如分割拼块结构

(如图 4.2 所示),该结构特别适合于分数槽集中绕组的电机,可以实现高效率、大批量、自动化并节省材料。此外,以条形材料连续冲出齿槽和轭部,采用卷绕工艺制作定子铁芯方法,适用于径向磁路、大直径的外转子等特殊结构电机,这种方法可以明显节省导磁材料,有良好的经济效益。

图 4.1　永磁电机与定转子

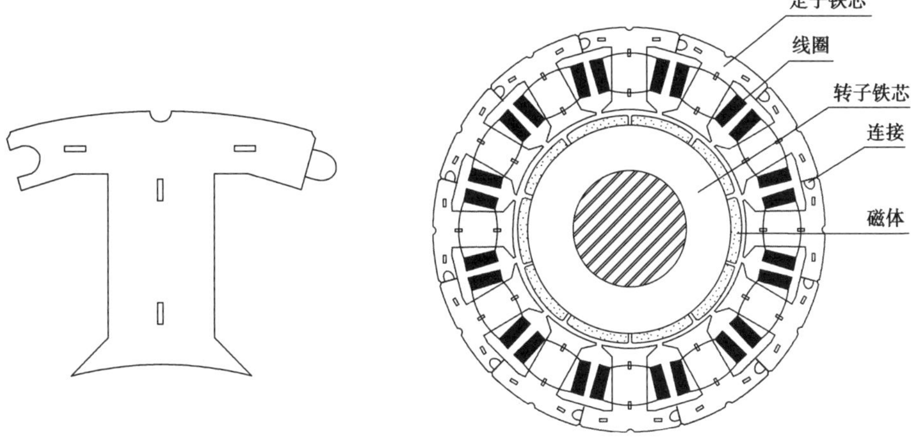

图 4.2　定子分割拼块结构

现代交流永磁电机的定子绕组大多为三相绕组,其形式与感应电机一样,主要有单层绕组和双层绕组。单层绕组的优点是:没有层间绝缘,槽内利用率高,嵌线方便,特别在中、小电机中采用软的散下线圈表现明显。改变单层绕组端部的连接方式,将单层绕组形式改成链式绕组、交叉式绕组和同心式绕组。其中,链式绕组、交叉式绕组构成了形式上的短距,节省端部用铜;同心式绕组可以减少端部层叠数,便于嵌线。单层绕组主要用于 10 kW 以下的小型电机。

双层绕组的优点是:可以利用短距和分布的办法来改善感应电动势和磁动势的波形,使永磁同步电机得到较好的电磁性能。双层绕组主要用于大、中型电机。除此之外,针对不同应用场合对电机的特殊要求也有一些不同的电机绕组结构,例如发卡式绕组、分裂式绕组、环形绕组、低谐波绕组、开绕组也都得到了快速发展,并被广泛采用。

4.2.2 永磁电机转子结构

按照永磁体在转子上位置的不同,永磁同步电动机的转子磁路结构一般可分为三种:表面式、内置式和爪极式。此外,海尔贝克阵列(Halbach Array)作为一种新的磁体结构形式也已逐渐被研究应用。

(1)表面式转子磁路结构

表面式转子磁路结构又分为凸出式和插入式两种,如图4.3所示。由于永磁材料的相对回复磁导率接近1,所以表面凸出式转子在电磁性能上属于隐极式转子结构;而表面插入式转子的相邻两永磁磁极间有着磁导率很大的铁磁材料,在电磁性能上属于凸极式转子结构。通常情况下,电机凸出式转子永磁体需要磁钢粘接剂进行固定,在转速较高的工况下,转子表面需要碳纤维绑扎带或者金属护套进一步加固。

表面凸出式转子结构的特点:结构简单、制造成本较低、转动惯量小,永磁磁极易于实现最优设计,电动机气隙磁密波形可以更接近于正弦波,可显著提高电动机乃至整个传动系统的性能。在该领域,国内外已有大量的专家学者进行了研究,并给出了磁极优化计算公式。这种转子结构在矩形波永磁同步电动机和恒功率运行范围不宽的正弦波永磁同步电动机中应用广泛。

表面插入式转子结构的特点:充分利用转子磁路的不对称性所产生的磁阻转矩,提高电动机的功率密度,动态性能较凸出式有所改善,制造工艺也较简单,但漏磁系数和制造成本都较凸出式大。

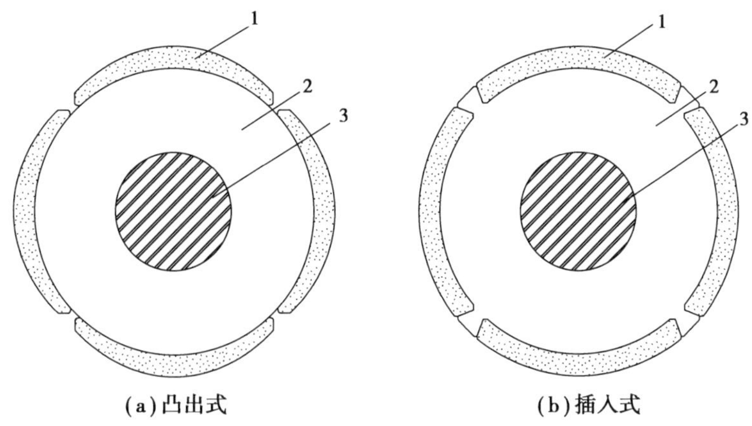

图4.3　表面式转子磁路结构

1—永磁体;2—转子铁芯;3—转轴

(2)内置式转子磁路结构

这类结构的永磁体位于转子内部。按永磁体磁化方向与转子旋转方向的相互关系,内置式转子磁路结构又可分为径向式、切向式和混合式三种。

图4.4给出了内置径向式转子磁路结构最为常用的两种结构形式,永磁体轴向插入安装并通过隔磁磁桥限制漏磁通,结构简单,运行可靠,转子机械强度高,因而近年来应用较为广泛。"V"字形结构比"一"字形结构提供了更大的永磁体空间,其特点:漏磁系数小、转轴上不需采取隔磁措施、极弧系数易于控制、转子冲片机械强度高、安装永磁体后转子不易变形等。该结构形式在电动汽车领域应用非常广泛,以丰田Prius为例,2004年之前主要采用"一"字形磁极结构,随后主要采用"V"字形磁极结构,提高了磁场强度与凸极比,在最大转矩以及电机弱磁能力方面得到了显著提升。

内置切向式转子磁路结构:一个极距下的磁通由相邻两个磁极并联提供,可得到更大的每极磁通,如图4.5所示。尤其当电动机极数较多、径向式结构不能提供足够的每极磁通时,这种结构的优势便显得更为突出。但是,该类结构漏磁系数较大,并且需采用相应的隔磁措施,电动机的制造工艺和制造成本较径向式结构有所增加。

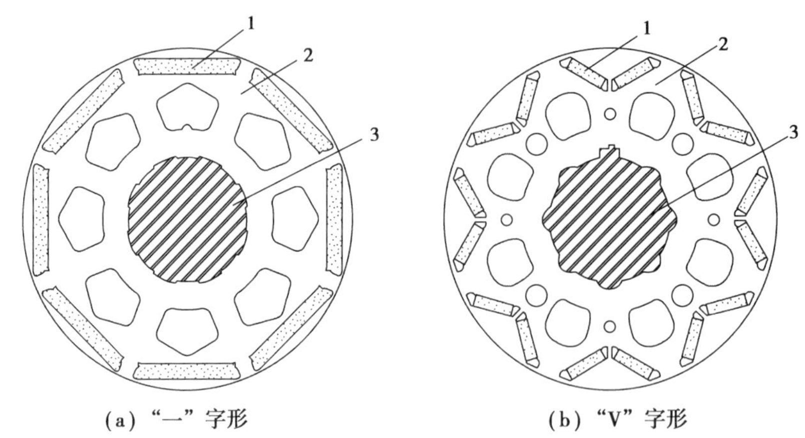

图 4.4　内置径向式转子磁路结构

1—永磁体;2—转子冲片;3—转轴

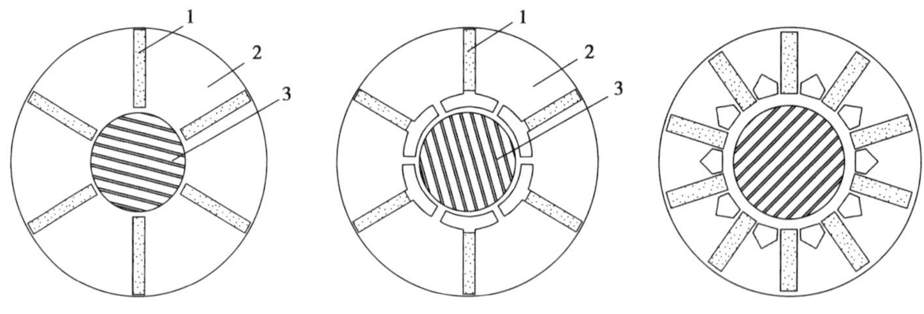

图 4.5　内置切向式转子磁路结构

1—永磁体;2—转子冲片;3—转轴

内置混合式转子磁路结构:图 4.6(a)所示结构近年来较为常用,需采用隔磁磁桥隔磁,这种结构的径向部分永磁体磁化方向长度约是切向部分永磁体磁化方向长度的一半。图 4.6(b)和(c)是由图 4.4(a)径向式结构衍生来的两种混合式转子磁路结构。其永磁体的径向部分与切向部分的磁化方向长度相等,也采取隔磁磁桥隔磁。转子可为安放永磁体提供更多的空间,空载漏磁系数小,但制造工艺复杂,转子冲片的机械强度也有所下降。

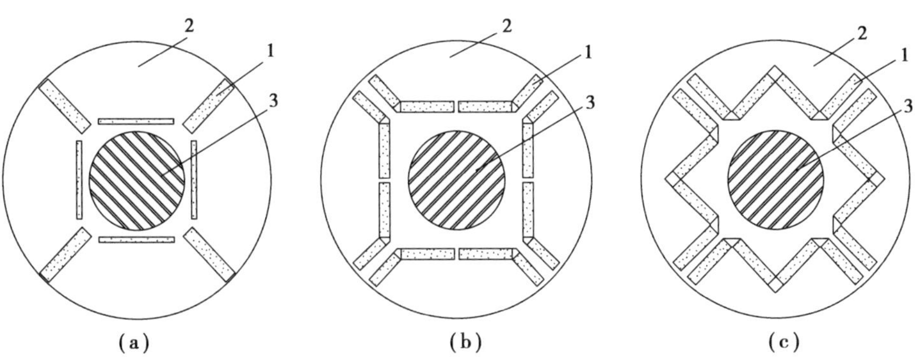

图4.6　内置混合式转子磁路结构

1—永磁体;2—转子冲片;3—转轴

(3)爪极式转子磁路结构

爪极式转子磁路结构通常由两个带爪的法兰盘和一个圆环形的永磁体构成,图4.7为其结构示意图。该结构形式电机主要应用在电动阀门执行机构、医疗器械、精密机械传动等领域,其特点是结构和工艺较为简单,但性能较低又不具备异步起动能力。

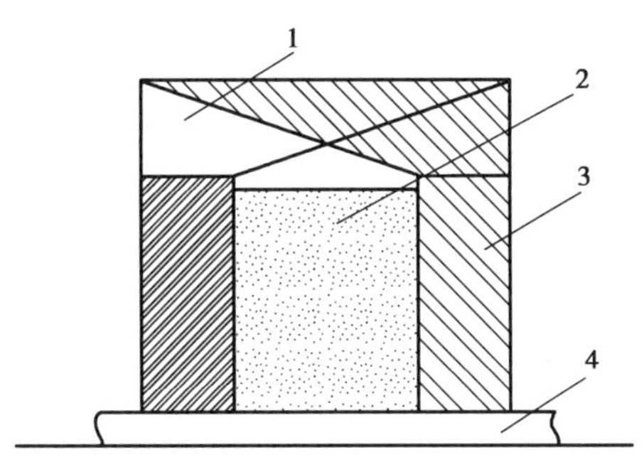

图4.7　爪极式转子磁路结构

1—左法兰盘;2—圆环形永磁体;3—右法兰盘;4—非磁性转轴

(4)海尔贝克阵列(Halbach Array)结构

海尔贝克阵列(Halbach Array)是一种磁极结构,是工程上的近似理想结构,目标是用最少量的磁体产生最强的磁场,如图4.8所示。1979年,美国学者Klaus Halbach做电子加速实验时,发现了这种特殊的永磁体结构,并逐步完善这种结构,最终形成了所谓的"Halbach"磁极。Halbach 结构是将磁铁径向式与平行式排列结合在一起,如果忽略端部效应,并把周围的导磁材料的磁导率看作无穷大,那么上述永磁体结构最终形成单边磁场(one-sided field),这就是 Halbach 一个显著的特点。相对于传统电机,Halbach 电机具有功率密度大、定转子无需斜槽、转子可以采用非铁芯材料、永磁体利用率高等优点。

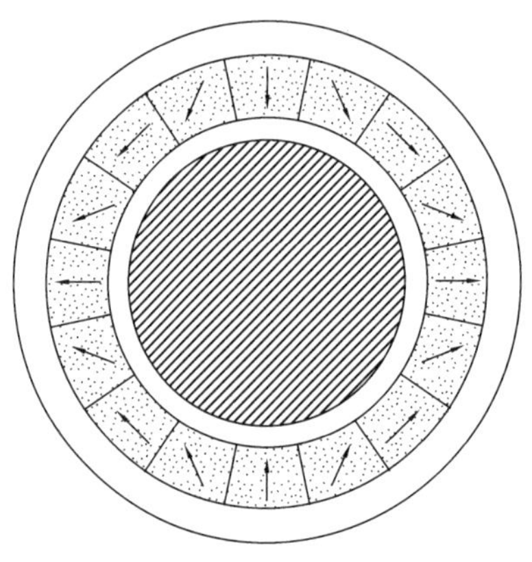

图 4.8　海尔贝克阵列(Halbach Array)永磁体

4.3　永磁电机运行理论

4.3.1　永磁同步电动机的工作原理

永磁同步电动机的工作原理可以从两个角度进行分析,即根据磁极与磁极间的相互作用力或者根据电磁感应定律。

根据电磁感应定律,定子绕组为通电导体,在磁场中受力。而电机定子绕组固定在定子中,根据作用力与反作用力的关系,电机转子将承受反向力矩,电机转子开始旋转,如图4.9所示。只有电机定子电流的交变频率与转子磁极旋转频率一致,即电机转子转速为同步转速时,定转子间将会产生同一方向持续的力矩,电机转子连续旋转;否则,力矩方向反复变化,电机将出现明显振荡,所以永磁同步电机必须工作在同步转速下;一旦出现失步,将无法继续运行。

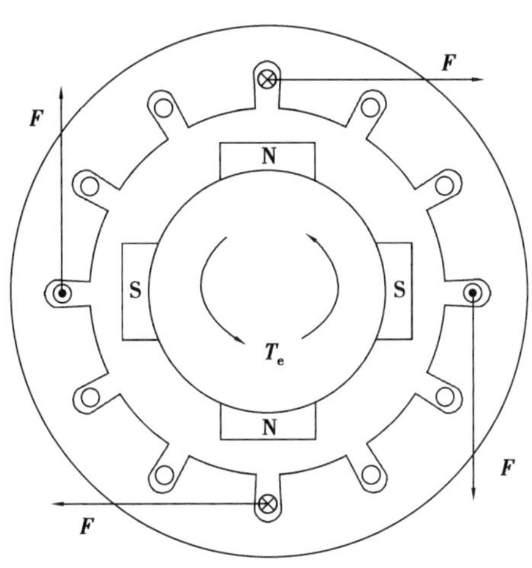

图4.9　永磁同步电动机工作原理

另一方面,电枢绕组通以对称三相交流电后,气隙内将会产生电枢旋转磁场,旋转磁场为同步转速。而转子部分存在永磁体励磁磁场。若转子磁场的磁极对数与定子磁场的磁极对数相等,两磁场相互作用,使转子随定子旋转磁场同步旋转,即转子以等同于旋转磁场的速度、方向旋转,这就是同步电动机的基本工作原理。

永磁同步电动机在正常运行时,永磁体产生的主磁极用 N_0、S_0 表示;三相对称绕组通入三相对称电流,将产生一个以同步转速转动的旋转磁场,称为电枢磁场;永磁同步电机的转速恒为同步转速,于是定子旋转磁场与永磁体产生的主极磁场保持相对静止,二者叠加成为合成磁场,气隙合成磁场的“等效磁极”用N、S表示。定子合成磁场与转子主极磁场之间的夹角 δ 称为功率角。

若转子主极磁场超前于定子合成磁场,功率角 $\delta>0$,此时转子上将受到一个与其旋转方向相反的制动性质的电磁转矩 T_e,如图4.10(a)所示。为使转子能以同步转速持续旋转,转子必须从原动机输入驱动转矩 T_1。此时转子输入机械功率,定子绕组向电网或负载输出电功率,电机作发电机运行。

若转子主极磁场与定子合成磁场的轴线重合,$\delta=0$,则电磁转矩为零,如图 4.10(b)所示。此时电机内没有有功功率的转换,电机处于补偿机状态或空载状态。

若转子主极磁场滞后于定子合成磁场,$\delta<0$,则转子上将受到一个与其转向相同的驱动性质的电磁转矩 T_e,如图 4.10(c)所示。此时定子从电网吸收电功率,转子拖动负载而输出机械功率,电机作为电动机运行。

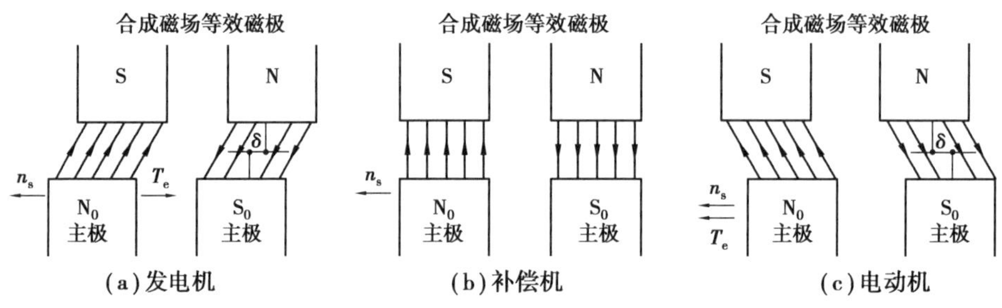

图 4.10　永磁同步电机的 3 种运行状态

永磁同步电动机仅在同步转速时才能产生恒定的同步电磁转矩。起动时,若把定子直接投入电网,则定子旋转磁场以同步转速旋转,而转子磁场静止不动,定、转子磁场之间具有相对运动,所以作用在转子上的电磁转矩正、负交变,平均转矩为零,电动机不能自行起动。在个别情况下,如同步转速很低或者转子转动惯量很小时,永磁同步电动机可直接起动。为了解决永磁同步电动机起动问题,可以采用自起动永磁同步电机,或者采用变频起动、辅机起动等方式。

4.3.2　永磁同步电动机稳态运行和相量图

电动机稳定运行于同步转速时,根据双反应理论可写出永磁同步电动机的电压方程:

$$\begin{aligned}\dot{U} &= \dot{E}_0+\dot{I}_1 R_1+\mathrm{j}\dot{I}_1 X_1+\mathrm{j}\dot{I}_\mathrm{d} X_\mathrm{ad}+\mathrm{j}\dot{I}_\mathrm{q} X_\mathrm{aq} \\ &= \dot{E}_0+\dot{I}_1 R_1+\mathrm{j}\dot{I}_\mathrm{d} X_\mathrm{d}+\mathrm{j}\dot{I}_\mathrm{q} X_\mathrm{q}\end{aligned} \tag{4.1}$$

式中，$\dot{U}$ 为外施相电压有效值；$\dot{E}_0$ 为永磁气隙基波磁场所产生的每相空载反电势有效值；$\dot{I}_1$ 为定子相电流有效值；R_1 为定子绕组相电阻；X_ad、X_aq 为直、交轴电枢反应电抗；X_1 为定子漏抗；X_d 为直轴同步电抗，$X_\mathrm{d}=X_\mathrm{ad}+X_1$；$X_\mathrm{q}$ 为交轴同步电抗，$X_\mathrm{q}=X_\mathrm{aq}+X_1$；$\dot{I}_\mathrm{d}$、$\dot{I}_\mathrm{q}$ 为直、交轴电枢电流，$I_\mathrm{d}=I_1\sin\psi$、$I_\mathrm{q}=I_1\cos\psi$，其中 ψ 为 $\dot{I}_1$ 与 $\dot{E}_0$ 间的夹角，称为内功率因数角，$\dot{I}_1$ 超前 $\dot{E}_0$ 时为正。

由电压方程可画出永磁同步电动机于不同情况下稳定运行时的几种典型相量图，如图 4.11 所示。图中，E_δ 为气隙合成基波磁场所产生的电动势，称为气隙合成电动势；E_d 为气隙合成基波磁场直轴分量所产生的电动势，称为直轴电动势；δ 为 $\dot{U}$ 超前 $\dot{E}_0$ 的角度，即功率角，也称为转矩角；φ 为电压 $\dot{U}$ 超前定子相电流 $\dot{I}_1$ 的角度，即功率因数角。图 4.11(a)、(b)、(c)中的电流 $\dot{I}_1$ 均超前于空载反电动势 $\dot{E}_0$，直轴电枢反应均为去磁性质，导致电动机直轴电动势 $\dot{E}_\mathrm{d}$ 小于空载反电动势 $\dot{E}_0$。图(e)中电流 $\dot{I}_1$ 滞后于 $\dot{E}_0$，此时直轴电枢反应为增磁性质，导致直轴电动势 $\dot{E}_\mathrm{d}$ 大于空载反电动势 $\dot{E}_0$

从图中还可以看出，要使电动机运行于单位功率因数或容性功率因数状态，只有设计在去磁状态时才能达到。

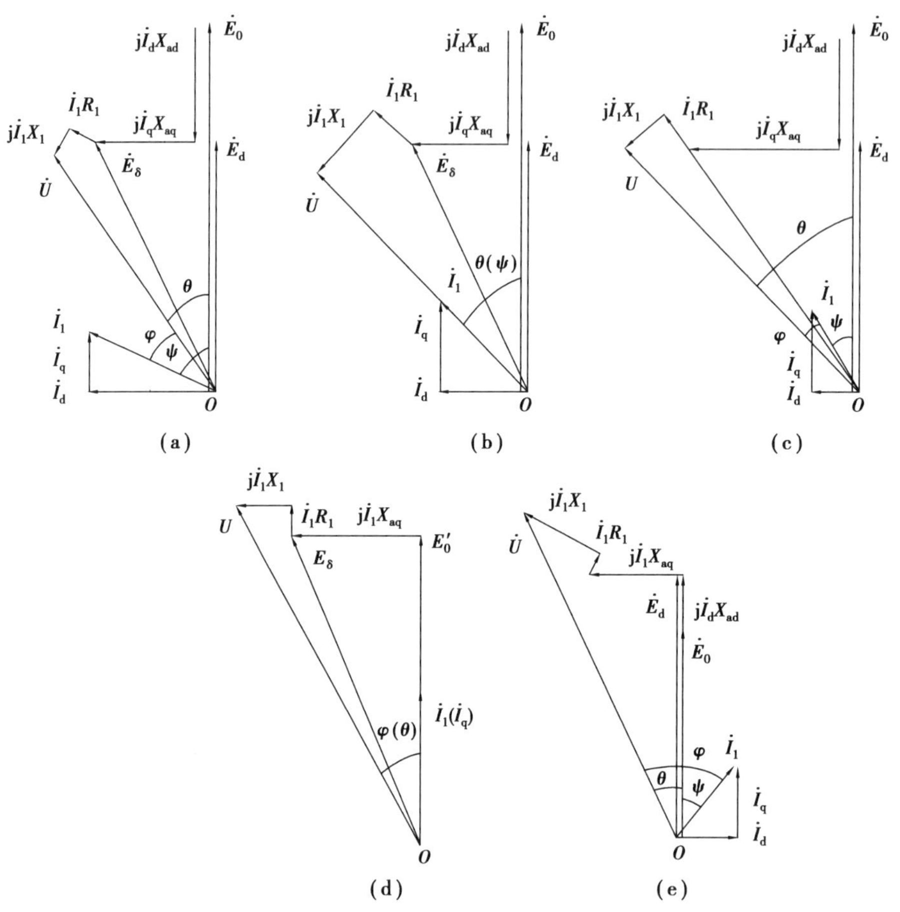

图 4.11　永磁同步电动机几种典型相量图

4.3.3　电磁转矩和功角特性

根据永磁电机稳定运行情况下的典型相量图,可以得到如下关系:

$$\psi = \arctan \frac{I_d}{I_q} \tag{4.2}$$

$$\varphi = \theta - \psi \tag{4.3}$$

$$U\sin\theta = I_q X_q + I_d R_1 \tag{4.4}$$

$$U\cos\theta = E_0 - I_d X_d + I_q R_1 \tag{4.5}$$

进一步得到电动机的电磁功率以及电磁转矩分别为:

$$P_{em} \approx P_1 \approx \frac{mE_0U}{X_d}\sin\theta + \frac{mU^2}{2}\left(\frac{1}{X_q}-\frac{1}{X_d}\right)\sin 2\theta \tag{4.6}$$

$$T_{em} = \frac{P_{em}}{\Omega} = \frac{mpE_0U}{\omega X_d}\sin\theta + \frac{mpU^2}{2\omega}\left(\frac{1}{X_q}-\frac{1}{X_d}\right)\sin 2\theta \tag{4.7}$$

式中,ω 指电动机的电角速度;p 是电动机的极对数。

公式(4.7)中,第 1 项是由永磁气隙磁场与定子电枢反应磁场相互作用产生的基本电磁转矩,又称永磁转矩;第 2 项为电动机 d、q 轴磁路不对称而产生的磁阻转矩。图 4.12 为永磁同步电机的功角特性曲线,曲线 1 和 2 分别是式(4.6)中的第 1、2 项,曲线 3 为曲线 1 和 2 的合成。

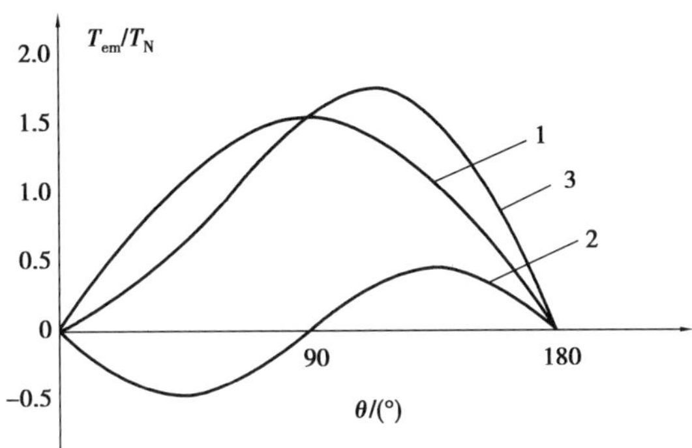

图 4.12　电机功角特性曲线

可以看出,当电机为隐极电机时(交、直轴电抗相等),电机的转矩最大值对应的功角为 90°;当电机为凸极电机时(交、直轴电抗不相等),电机的转矩最大值所对应的功角大于 90°。基于永磁同步电动机运行工作特性,在仿真中,可以通过调整电动机激励电压 U 与 E_0 的相位夹角,对电机不同运行状态进行模拟,进一步确定电动机功角运行范围以及电机的最大转矩等参数。具体方法如下:保持转子的初始位置角不变,调节各相电压源初始相角,对电机不同功角下的电磁转矩进行计算,当电磁转矩 $T_{em}=0$ 时,该状态即为零功角运行状态;随着电压相位角的变化(即功角的变化),可以确定电磁转矩的最大值,该状态即为电动机最大功角运行状态;通过电压源相位角的变化值即可确定电机转矩最大时的功角 θ_{max}。功角 $\theta=0°$时,$T_{em}=0$;$\theta=\theta_{max}$ 时,T_{em} 达到最大值(隐极电机 $\theta_{max}=90°$);当 $T_{em}=T_N$ 时,电机运行在额定状态。上述方法是通过调节电压源相位进行功角调整,也可以保证各相电源相位角不变,通过调节转子的初始位置调整电机内运行功角,即通过调整 E_0 的相位角改变电机功角。

4.3.4 损耗分析

(1)定子绕组电阻损耗

电阻损耗可按照常规公式进行计算:

$$p_{cu}=mI_1^2R_1 \tag{4.8}$$

(2)铁芯损耗

定子铁芯损耗主要包括磁滞损耗和涡流损耗。磁滞损耗是铁磁材料在交变磁场作用下,磁畴间相互摩擦而产生的一种损耗形式,该损耗与所选材料的磁滞回线的面积成正比。相关试验表明,单位体积铁磁材料的磁滞损耗(P_h)还与磁密的最大值(B_m)以及磁场频率(f)有着密切的关系,如公式(4.9)所示。

$$P_h=\eta B_m^n f \tag{4.9}$$

式中,η 为磁滞损耗系数,与材料的性质有关;n 为硅钢片常数,一般为 1.6 ~ 2.3。

涡流损耗是导体材料在交变磁场中感应生成的环形流动电流所产生的损耗,单位体积产生的涡流损耗(P_e)如公式(4.10)所示。

$$P_e=\frac{\pi^2 B_m^2 \Delta^2 f^2}{\rho\beta} \tag{4.10}$$

式中,Δ 表示硅钢片厚度,B_m 表示磁密最大值,f 表示频率,ρ 表示材料的电阻率,β 表示材料几何结构系数。

为了使涡流损耗计算更加准确,一般将其分为常规涡流损耗和附加涡流损

耗,在给定工作频率下,硅钢片的铁芯损耗一般按照如下公式计算:

$$P_{\mathrm{irom}}=K_{\mathrm{h}}B_{\mathrm{m}}^{2}f+K_{\mathrm{c}}(B_{\mathrm{m}}f)^{2}+K_{\mathrm{e}}(B_{\mathrm{m}}f)^{3/2} \tag{4.11}$$

式中,K_{h},K_{c} 和 K_{e} 分别为磁滞损耗系数、传统涡流损耗系数和附加涡流损耗系数,B_{m} 为磁密幅值,这些系数可以通过损耗曲线计算得出。

此外,永磁同步电动机的铁耗 p_{Fe} 不仅与电动机所采用的硅钢片材料有关,而且随电动机的工作温度、负载大小的改变而变化。这是因为电动机温度和负载的变化导致电动机中永磁体工作点改变,定子齿、轭部磁密也随之变化,从而影响到电动机的铁耗。工作温度越高,负载越大;定子齿、轭部磁密越小,电动机的铁耗就越小。

(3)机械损耗

永磁同步电动机的机械损耗 p_{Ω} 与其他电机一样,与所采用的轴承、润滑剂、冷却风扇和电动机的装配质量有关,其机械损耗可根据实测值或参考其他电机机械损耗计算方法计算。

(4)杂散损耗

永磁同步电动机杂散损耗 p_{Δ} 目前还没有一个准确适用的计算公式,一般均根据具体情况和经验确定。

随着负载的增加,电动机电流随之增大,杂散损耗近似随电流的平方关系增大。当定子相电流为 I_1 时,电动机的杂散损耗可以用下式计算:

$$p_{\Delta}=\left(\frac{I_1}{I_{\mathrm{N}}}\right)p_{\Delta n}$$

式中,I_{N} 为电动机额定相电流,$p_{\Delta n}$ 为电动机输出额定功率时的杂散损耗。

4.3.5　空载反电动势的分析

空载反电动势 E_0 是永磁同步电动机一个非常重要的参数。E_0 由电动机中永磁体产生的空载气隙基波磁通在电枢绕组中感应产生,其值为

$$
\begin{aligned}
E_0 &= 4.44 f K_{dp} N \Phi_{10} \\
&= 4.44 f K_{dp} N \Phi_{10} K_{\varphi} \\
&= 4.44 f K_{dp} N K_{\varphi} \frac{b_{m0} B_r A_m}{\sigma_0} \times 10^{-4}
\end{aligned} \tag{4.12}
$$

E_0 的大小不仅决定电动机运行于增磁状态还是去磁状态,而且对电动机的动、稳态性能均有很大影响。正如普通电励磁同步电动机定子电流 I_1 与励磁电流 I_f 的关系为一 V 形曲线一样,当永磁同步电动机其他参数不变,而仅改变永磁体的尺寸或永磁体的性能时,曲线 $I_1=f(E_0)$ 也是一条 V 形曲线。图 4.13 为一台 1.25MW 永磁同步电动机在额定负载下定子电流 I_1 与 E_0 的关系曲线。可见,合理设计 E_0,可降低定子电流,提高电动机效率,降低电动机的温升。

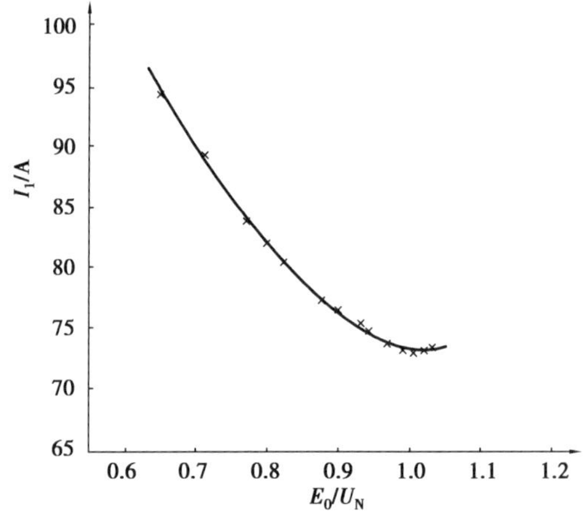

图 4.13　永磁同步电动机(1.25 MW)在额定负载下定子电流 I_1 与 E_0 的关系曲线

另一方面,E_0 对于电机空载运行状态参数也有非常明显的影响,尤其是永磁同步电动机出厂试验的两个重要指标空载损耗 p_0 和空载电流 I_0。而 E_0 对两个指标的影响尤其重大,随着 E_0 变化,空载损耗 p_0 和空载电流 I_0 也有一个最小值。永磁同步电动机的 E_0 设计过大或过小,都会导致 p_0 和 I_0 上升。

设计实践表明,所有设计比较成功的电动机,其 E_0 与额定电压的比值均在一定的合理范围内。但是应注意,对不同用途的永磁同步电动机,E_0 的取值范围应有所不同。

第5章 永磁电机瞬态电磁场分析

5.1 项目创建与模型建立

5.1.1 电机基本参数与项目建立

与感应电机不同的是，永磁电机不具备自起动能力，一般采用变频控制器进行驱动，因此在永磁电机瞬态电磁场仿真时，无法采用感应电机瞬态电磁场直接起动的仿真方式，需要给定电压源与电机运行转速，进行磁场等效数值仿真。

以一台 0.95 kW 三相永磁同步电机为例进行仿真计算，电机的基本参数见表 5.1。为了更加清晰地了解整个电机模型的建立情况，采用全域建模求解，该电机的定转子结构如图 5.1 所示。

表 5.1　永磁同步电机基本参数

参数	数值	参数	数值
功率/kW	0.95	每槽导体数	124
额定转速/($r \cdot min^{-1}$)	3 000	极数	8
转子磁路结构	表贴式	槽数	12
定子外径/mm	36	频率/Hz	200
定子内径/mm	21.1	永磁体厚度/mm	3.07
转子外径/mm	17.43	极弧系数	0.97
转子内径/mm	14.1	永磁体偏心距/mm	8
轴向长度/mm	50.8		

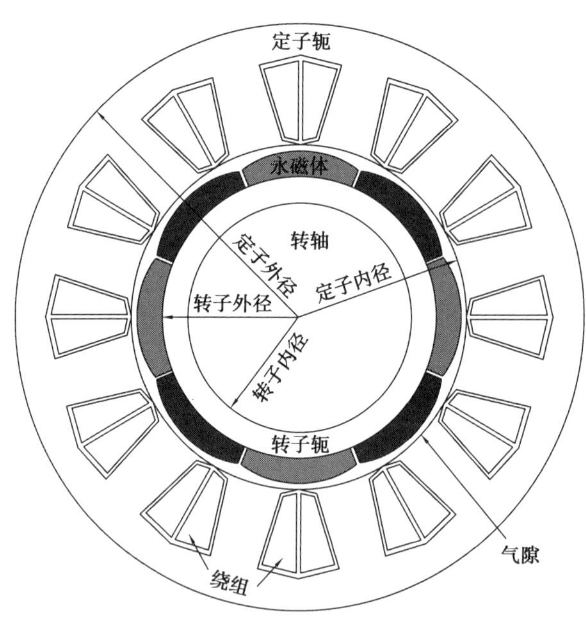

图 5.1　8 极 12 槽永磁同步电机结构示意图

①启动有限元软件并建立新的项目文件。

②定义分析类型。

执行求解器类型设置命令并选择瞬态场求解器，坐标系选择笛卡尔坐标系。

执行 Project/Insert Maxwell 2D Design 命令，确定分析类型。

执行 Maxwell 2D/Solution Type 命令，在弹出的求解器对话框中选择 Magnetic 栏下的 Transient（瞬态场）求解器，Geometry Mode 选择 Cartesian XY（笛卡尔坐标系）。

③重命名及保存项目文件。

5.1.2　创建电机定子模型

(1)模型基本设置

执行 Modeler/Units 命令设置建模单位，进行几何模型单位选择，软件单位默认为 mm。当选择新的单位时，单击要选择的单位并执行/Rescale to new units/命令，将模型窗口的单位转换为所要选择的单位。

对称周期的设置尤其在多极电机中常用，可以有效缩短有限元计算量，提高电机仿真计算的效率。当所需模型为全域模型时，对称周期为 1；若所需模型为整体模型的 n 分之一时，对称周期为 n。具体方法为单击右键选择项目管理菜中的 Model/Set Model Depth，进行模型轴向长度 Model Depth 及 Symmetry Multiplier 重复周期数的设定。所建模型电机铁芯实际轴向长度为 50.8 mm，考虑到实际情况下电机定、转子硅钢片的叠压系数为 0.95，在模型中应将电机的铁芯轴向长度设置为 48.26 mm。

(2)绘制电机定子槽几何模型

根据电机结构尺寸确定永磁同步电机定子槽型，具体点坐标为：

A(0.1,21.1)　B(0.1,21.3)　C(2.35, 21.8)　D(5.2, 31.1)

E(0, 32.3)　F(−5.2, 31.1)　G(−2.35, 21.8)　H(−0.1,21.3)

I(−0.1,21.1)

坐标确定原则:A 和 B 间的垂直距离为槽口高度,B 和 C 间的垂直距离为槽间高度,C 和 D 间的垂直距离为槽身高度;A 和 I 间的水平距离为槽口宽度,C 和 G 间的水平距离为槽间宽度,D 和 F 间的水平距离为槽底宽度。

根据槽型结构,依次输入以上坐标值,建模过程中同样根据交合面去除法,将下端点纵坐标向下平移0.1 mm(A 点和 I 点纵坐标改为21 mm),建立的定子槽型如图5.2所示。

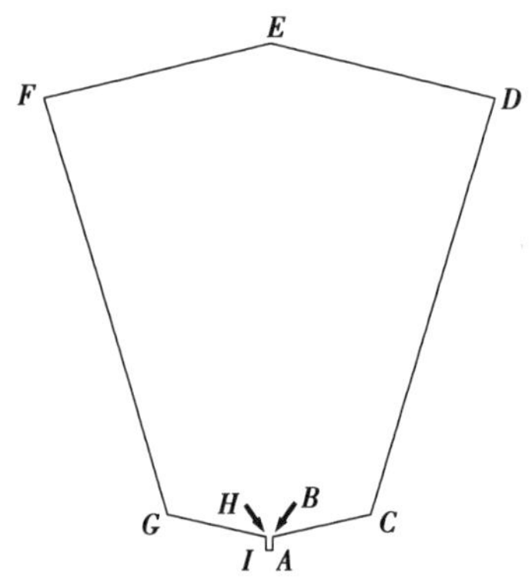

图5.2　定子槽位置示意图

(3)绘制电机绕组几何模型

①采用简化的绕组模型对电机电枢绕组进行建模,由于电机采用双层绕组分布,在建立模型中分别用2块简化的绕组模型代替。图5.3为定子槽及绕组结构示意图,其坐标分别为:

$A(-0.3, 21.74)$　$B(-0.3, 31.58)$　$C(-4.69, 30.57)$　$D(-2.11, 22.15)$

②单击所形成的面域,在工具栏中找到图标,执行 Mirror Duplicate 操作,生成另一半绕组结构。

③分别选择定子槽、绕组模型,执行 Modeler/Surface/Cover Lines 操作,并对生成后的面域进行重命名操作,定子槽及绕组模型如图5.4所示。

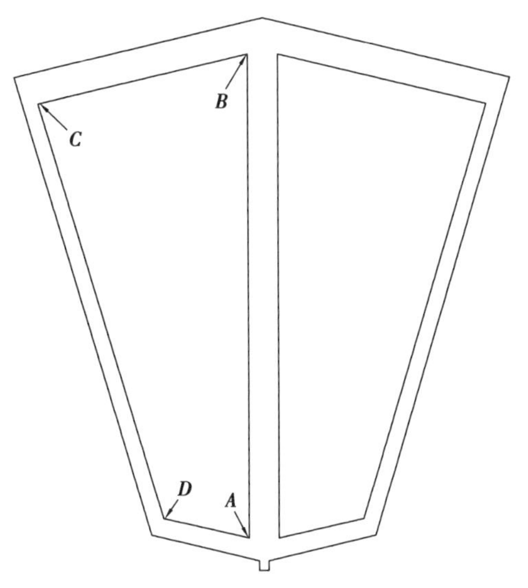

图 5.3　定子槽及绕组结构示意图

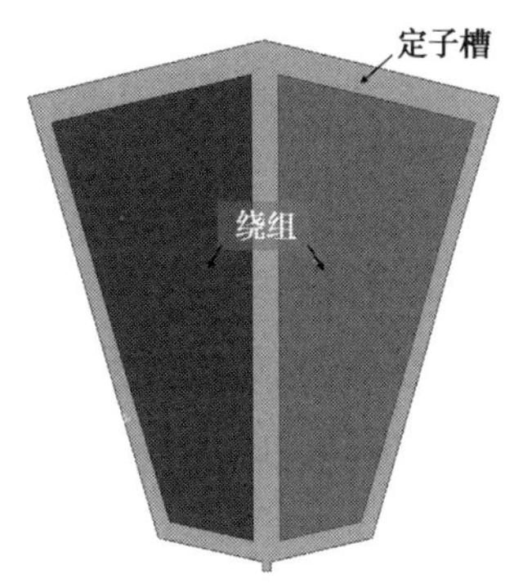

图 5.4　单个定子槽及绕组模型

(4)建立电机定子铁芯模型

①将定子槽及绕组选中,执行复制旋转命令,沿 Z 轴方向间隔 30°复制 12 个。将光标置于模型窗口,用快捷键“Ctrl+A”选择所有物体(或者使用鼠标拖拉出选中框将模型全部选中),执行命令 Edit/Duplicate/Around Axis,出现沿轴复制属性对话框,选择沿 Z 轴复制,相隔 30°,进行 12 次复制,如图 5.5 所示。

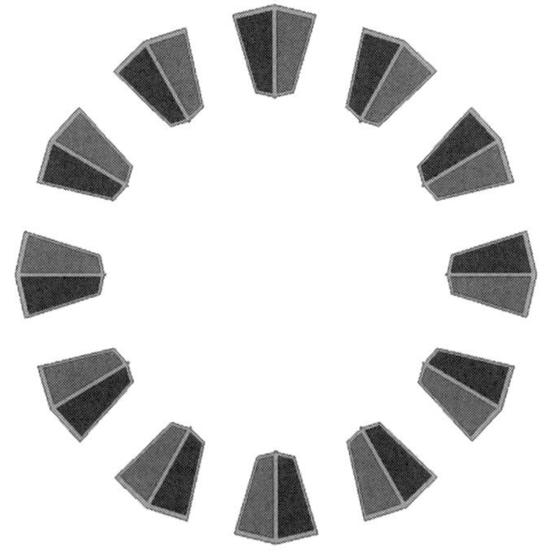

图 5.5　定子槽及绕组模型

②执行 Draw/Circle 操作,以坐标(0,0,0)为圆心,分别以 36 mm 和 21.1 mm 为半径绘制两同心圆面域。选中两圆形面域,执行 Modeler/Boolean/Subtract 布尔操作,在 Blank 栏选中外圆面域,在 Tool Parts 栏选中内圆面域,不勾选 Clone tool objects before operation,生成定子铁芯面域,更名为 Stator,如图 5.6 所示。

③选中定子铁芯和所有定子槽模型执行 Modeler/Boolean/Subtract 选项进行布尔操作(区域分离),在 Blank 栏选中定子铁芯,在 Tool Parts 栏选中定子槽,不勾选 Clone tool objects before operation,即可得到电机定子模型。为便于后续操作,可在绕组模型特性对话框中对绕组面域进行重命名(Coil_1 到 Coil_24),并对各面域的颜色属性进行调整,最终所得定子铁芯及绕组模型如图 5.7 所示。

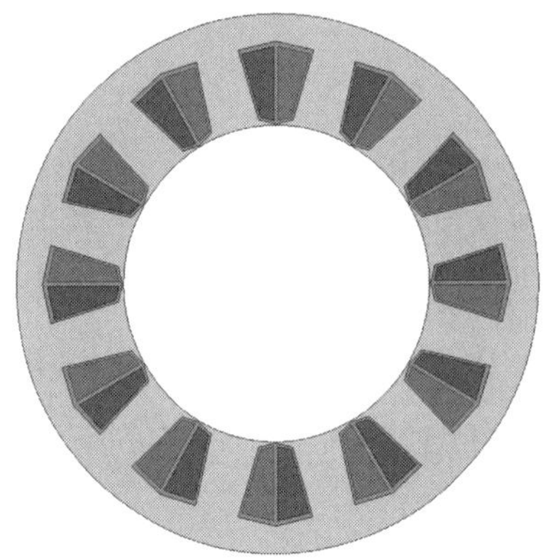

图 5.6　定子槽及绕组模型

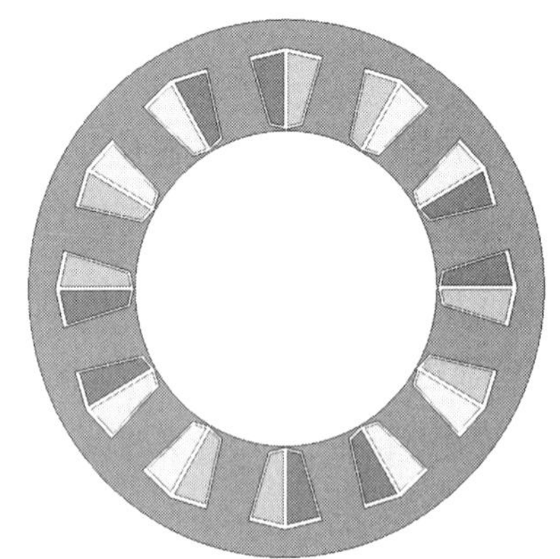

图 5.7　电机定子模型

5.1.3　创建电机转子模型

(1)创建永磁体模型

首先绘制以圆心为(0,8),两端点坐标分别为(7.27,18.17)、(-7.27,18.17)的一段圆弧。其次,绘制圆心为(0,0),两端点坐标分别为(6.47,16.18)、(-6.47,16.18)的另外一段圆弧,分别绘制两段直线连接两段圆弧的 4 个端点,选择两段圆弧和两段直线段并执行连接操作,随后生成面域,最后执行复制旋转命令,间隔 45°,旋转复制 8 份。将最终得到的永磁体模型沿逆时针方向依次命名为 Magnet_N_1,Magnet_S_1, Magnet_N_2, Magnet_S_2, Magnet_N_3, Magnet_S_3, Magnet_N_4,Magnet_S_4,永磁体及定子模型如图 5.8 所示。

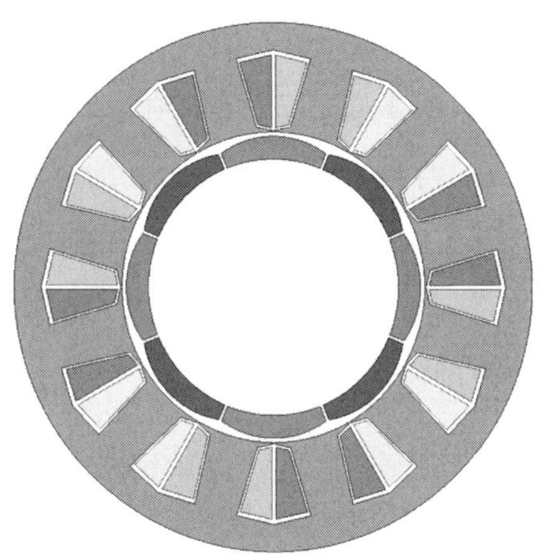

图 5.8　永磁体和定子模型

(2)创建转子及转轴模型

以圆心坐标为(0,0),绘制半径为 17.43 mm 的圆,并生成面域,将该圆面更名为 Rotor,模型如图 5.9 所示。

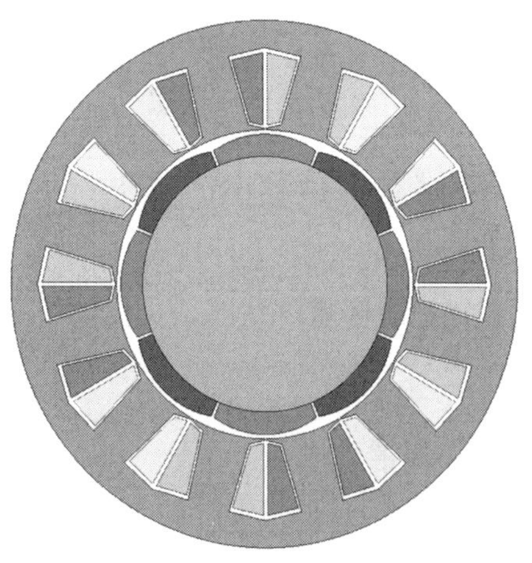

图 5.9　电机转子及定子模型

模型建立时,如果根据坐标进行各面域的独立绘制,可能由于坐标精度的偏差导致永磁体面域和转子面域间出现空隙,进而影响剖分效果及计算精度。因此,在本例中仍采取“交合面去除法”对永磁体面域和转子面域进行处理。

完成永磁体面域和转子面域创建后,选中 8 个永磁体面域和转子面域,执行布尔减法操作,在所弹出会话窗口的左侧选中新创建的面域,右侧选中转子面域,并勾选 Clone tool objects before operation 项。

以圆心坐标为(0,0),绘制半径为 14.1 mm 的圆并生成面域,重命名为 Shaft。此时转子轭和转轴面域重叠,执行布尔操作将转子和转轴面域分开,在 Blank 栏中选中转子,在 Tool Parts 栏中选中转轴,勾选 Clone tool objects before operation,布尔运算操作后的模型如图 5.10 所示。

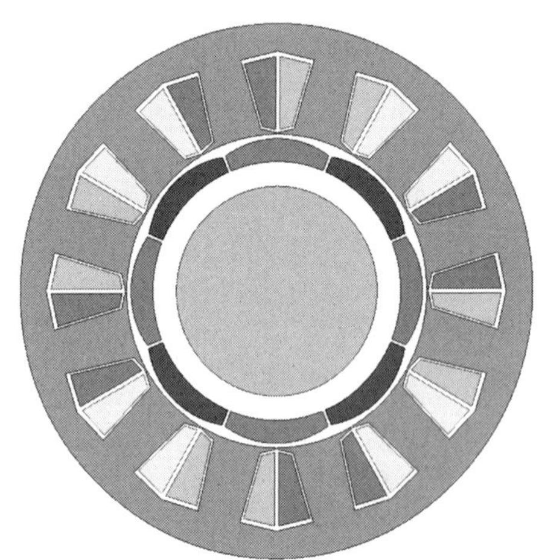

图 5.10　永磁同步电机模型

5.1.4　求解域与运动面域创建

(1)创建转子运动面域模型

创建以圆心坐标(0,0)、半径 20.8 mm 的圆,执行 Moderler/Surface/Cover Lines 将圆形曲线生成面域,重命名为 Band。

(2)建立求解域模型

执行 Draw/Reign 命令,在所弹出提示框中选中 Pad all directions similarly 选项,生成求解域模型。

(3)模型显示属性设置

由于在模型建立期间,各部分面域的名称及显示均采用系统默认值,为了区分电机结构的不同组成,可以对面域进行名称及显示颜色设置。具体操作是:用鼠标左键选择需要设置的面域,左下方将出现 Properties 属性对话框,对 Name 与 Color 两个单元进行设置,最终模型如图 5.11 所示。

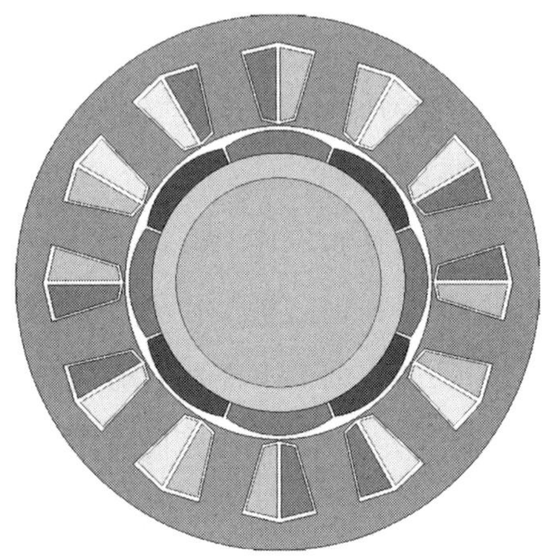

图 5.11 电机完整模型

5.2 参数设置

5.2.1 材料定义及分配

选中电机各部分模型,右键执行 Assign Material,找到对应材料之后,单击

“确定”即可为模型部件添加材料。在建立几何模型时,所有面域的材料属性默认为真空 vacuum。

各部分材料选择如下:

①运动面域 band 及外层面域——vacuum;

②定子绕组 coil——copper;

③定子铁芯 stator、转子铁芯 rotor——DW310_35;

④永磁体材料——N35;

⑤转轴材料——steel10;

⑥设置永磁体的磁化方向。

定义从坐标(0,0)指向永磁体的方向为 N 极,反之为 S 极。对于 8 极永磁同步电机,8 块永磁体的极性分布为 N、S、N、S、N、S、N、S。永磁材料的充磁方向设置是通过相对坐标系完成,选择永磁体,进入材料栏,选中后单击 View/Edit Materials,设置 Xcomponent 值为 1,该选项表示该永磁材料的磁化方向沿永磁磁极面域所在坐标系的 X 轴正方向。永磁体的极化方向与坐标系相关,因此在分析中采用建立相对坐标系的方法来确定永磁磁极的充磁方向。

由于所分析电机具有 8 个磁极,因此,需要在全局坐标系的基础上建立 8 个相对坐标。每次建立新的坐标系时,首先需要选中全局坐标系 Global,将全局坐标系 Global 作为统一参考坐标系建立相对坐标系。执行 Moderler/Coordinate/System/Creat/RelativeCs/rotated 命令或者单击工具栏中按钮,移动鼠标使 X 轴垂直于 N 极,沿永磁体中心轴线方向向外,如图 5.12 所示,并在坐标系的属性对话框中将名称改为 N1。同理按照逆时针方向依次建立 S1,N2,S2,N3,S3,N4,S4 并将其重命名。

将建立的各个相对坐标系统分配给各个磁极,通过单击各个磁极面域所弹出的属性设置对话框来完成,例如 Magnet_N_1 的设置如图 5.13 所示,方向为坐标系 N1,其他磁极设置类似。

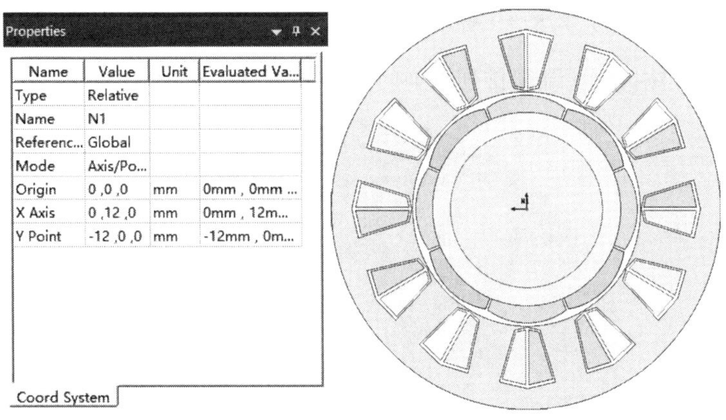

图 5.12　在全局坐标系下 N1 坐标系的建立

永磁电机各个部件的材料属性定义与分配均已完成，模型管理器中各个部件如图 5.14 所示。

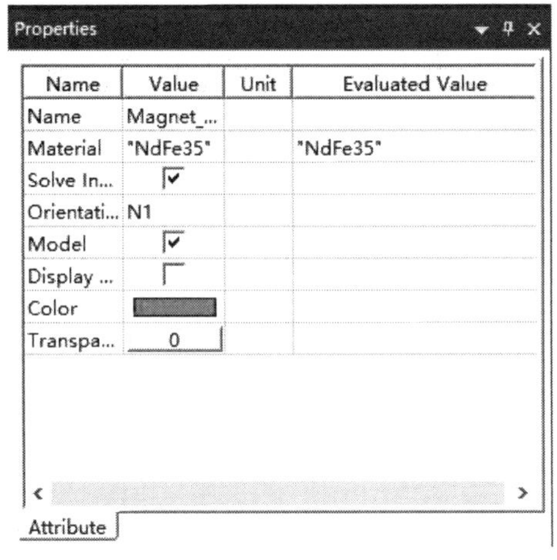

图 5.13　永磁体 Magnet_N_1 属性设置

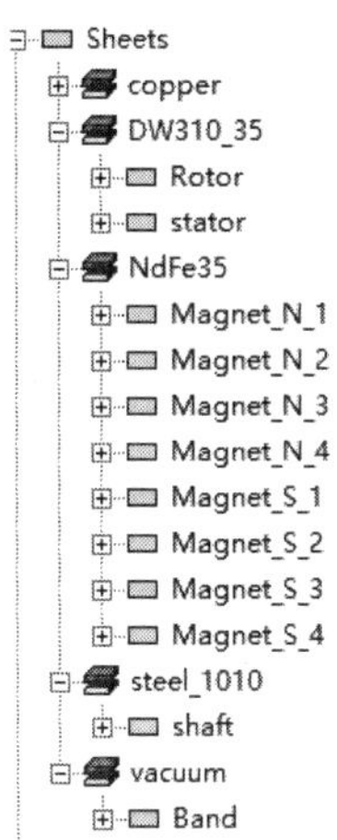

图 5.14　材料归类分布

5.2.2　激励源与边界条件的定义及设置

(1)绕组分相

本例中 8 极 12 槽电机绕组采用集中式绕组的结构，各线圈嵌入在定子槽内。电机绕组排列如图5.15所示，红色、黄色、灰色分别表示A、B、C三相绕组，相同颜色为同相绕组，绕组排列沿逆时针方向周期循环。

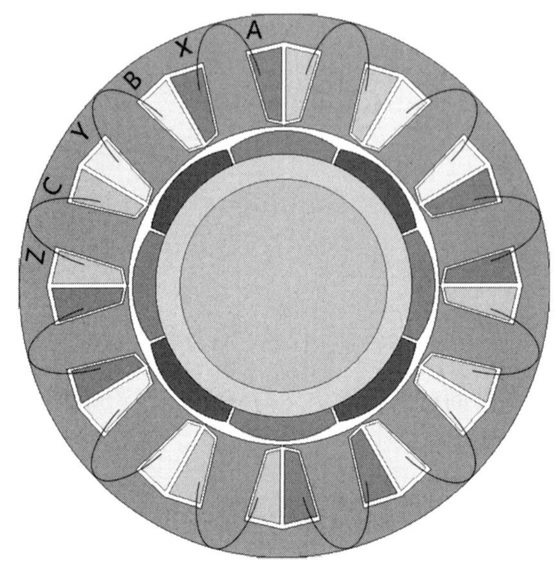

图5.15　8极12槽永磁同步电机绕组排列

(2)加载电压激励源

分相完成后，右键选择工程管理器 Excitations 栏中 Add Winding，将其重命名为 WindingA，选择类型为 Voltage，绕组类型为 Stranded。同理，依此添加 WindingB、WindingC。

(3)添加线圈

选中所有A相绕组，单击 Maxwell 2D/Excitations/Assign/Coil。该电机每槽导体数为124，设置各层绕组导体数分别为62，将极性 Polarity 设置为 Positive，并将其重命名为 A_1。其余绕组按照逆时针方向分别设置为X相、B相、Y相、C相、Z相。其中，A相、B相、C相极性为 Positive，而X相、Y相、Z相极性为 Negative。

右键 Winding 执行 Add Coils。将A、X相绕组添加到 WindingA 中(具体过程为，按住 Alt 键选中所有的A和X相绕组)；B、Y相绕组添加到 WindingB 中；

C、Z 相绕组添加到 WindingC 中，执行结果如图 5.16 所示。

(4)零向量边界条件设置

在电机有限元计算过程中，通常忽略穿过定子进入环境空气中的磁通，即假定电机内的磁场被限定在定子铁芯内。在二维瞬态场中，该边界条件是通过对边界线操作进行添加，首先执行 Edit/Select/Edge 命令，选择定子外圆边界线，再执行 Maxwell 2D/Boundaries/Assign/Vector Potential 命令，此时会自动弹出磁位函数边界设置对话框，在 Name 框中输入边界条件名称 Boundary，参数值设置为 0，即零向量磁位边界条件，表明磁力线平行于所给定的边界线，设置结果如图 5.17 所示。

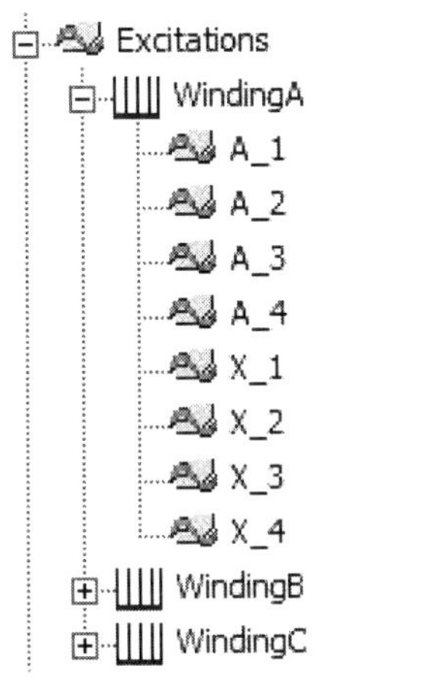

图 5.16　线圈分配结果

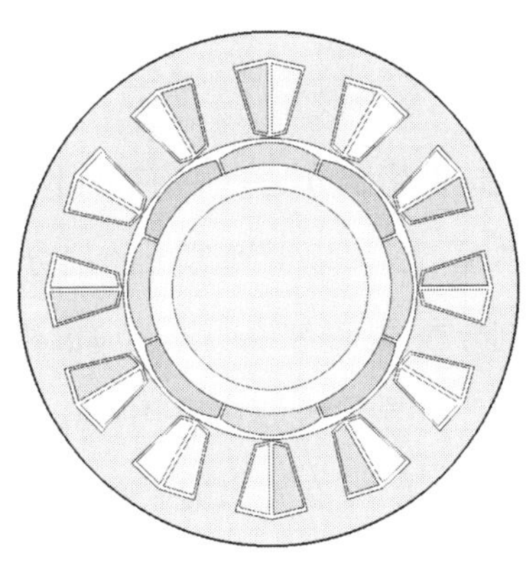

图 5.17　零向量边界条件设置

5.2.3　运动选项设置

永磁同步电机的瞬态电磁场分析主要是针对电机旋转时的磁场变化而言，在瞬态分析中，模型旋转的设置是通过运动设置选项完成的。在可以实现自起动的电机中，需要进行电机的机械参数设置，包括电机的转动惯量、初始转速以及电机的旋转阻尼系数，这些参数的设置直接影响着电机的动态响应。

由于永磁同步电机无法进行自起动,因此在电磁场有限元仿真过程中采用磁场等效仿真,即在模型计算中通过改变定子绕组电流相位、幅值大小以及与转子磁极位置的对应关系,实现仿真状态下电机内的磁场分布与电机实际运行状态下磁场一致。

在工程树栏中选中 Band 区域,右键单击 Assign Band,选中 Type/Motion/Rotation(并保持 Global:Z,指定绕 Z 轴旋转)。单击 Mechanical 并设置转速为额定转速 3 000 r/min。注意:能够自起动的电机,可勾选 Consider Mechanical Transient,设定转动惯量、负载转矩等参数,但本例中不需要设定。

5.2.4 求解选项参数设定

(1)网格剖分设置

自适应网格剖分是一种有效的网格剖分手段,在无需人工干预或者适当人工设置情况下就可以得到理想的剖分结果。也可以根据电机实际情况酌情设置网格剖分参数,详细说明见感应电机建模章节。具体设置如下:

①对绕组导体区域执行 Maxwell 2D/Mesh Operations/Assign/On selection/Length Based 操作,在弹出的设置对话框中勾选"Restrict Length of Elements"选项并将剖分尺寸最大长度"Maximum Length of Elements"设置为 1.3 mm;永磁体与运动面域,剖分尺寸最大长度设置为 0.8 mm;定转子铁芯、转轴和 Region 面域,剖分尺寸最大长度设置为 1.8 mm。

②对包含弧线的面域,可添加表面近似设定,使圆弧处的剖分更加均匀合理。

③对永磁体面域执行 Maxwell 2D/Mesh Operations/Assign/Surface Approximation 操作,勾选 Set maximum surface deviation 选项,将长度设置为 0.02,并勾选 Set maximum normal deviation 选项,将角度设置为 10 deg;定转子铁芯及转轴,将 Set maximum surface deviation 和 Set maximum normal deviation 选项分别设

置为0.036 mm和15 deg,最终电机几何模型剖分如图5.18所示。

图5.18　电机模型剖分

(2)求解设置

执行Maxwell 2D/Analysis Setup/Add Solution Setup命令设置仿真时间、仿真步长及场图信息保存。Stop time设置为0.05 s,仿真计算步长设置为5×10^{-5}s。

在有限元软件的计算工程中,需要借助收敛迭代方法,可在求解设置中对非线性收敛计算的精度进行设置。执行Maxwell2D/Analysis/Add solution setup操作,在Solver一栏中将非线性残差Nonlinear Residue设置为0.0001。

(3)铁芯损耗和涡流损耗计算

①右键单击工程管理器Excitations栏,执行Set Core Loss,勾选定子铁芯stator和转子铁芯rotor,单击确定,完成设置铁芯损耗求解设置,如图5.19所示。

②右键单击工程管理器Excitations栏,执行Set Eddy Effect,勾选8个磁极,完成涡流损耗求解设置,如图5.20所示。

(4)分析自检

对模型进行最终检查,注意查看有限元软件是否有错误提示,以保证模型计算的准确性。执行Maxwell 2D/Validation check对模型进行自动检查。自检完毕后,执行Maxwell 2D/Analyze All开始仿真。

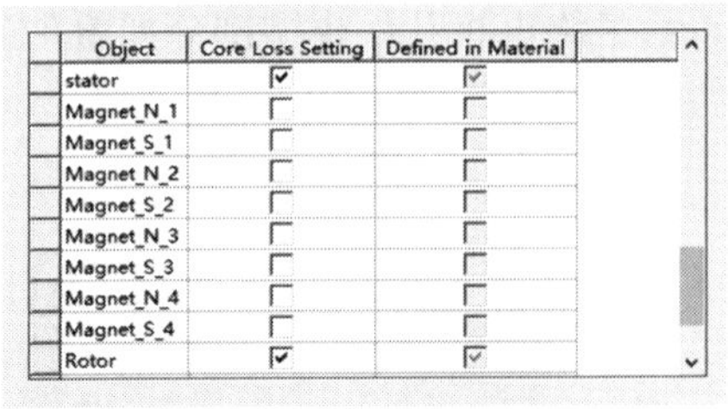

Object	Core Loss Setting	Defined in Material
stator	☑	☑
Magnet_N_1	☐	☐
Magnet_S_1	☐	☐
Magnet_N_2	☐	☐
Magnet_S_2	☐	☐
Magnet_N_3	☐	☐
Magnet_S_3	☐	☐
Magnet_N_4	☐	☐
Magnet_S_4	☐	☐
Rotor	☑	☑

图 5.19　铁芯损耗设置

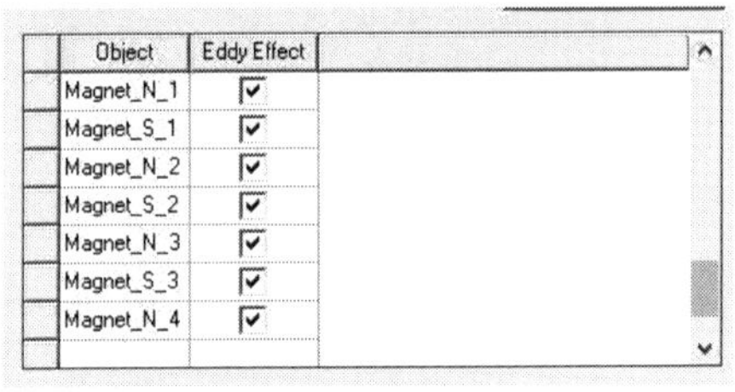

Object	Eddy Effect
Magnet_N_1	☑
Magnet_S_1	☑
Magnet_N_2	☑
Magnet_S_2	☑
Magnet_N_3	☑
Magnet_S_3	☑
Magnet_N_4	☑

图 5.20　涡流损耗设置

5.3　永磁电机电磁特性分析

根据电机的参数以及实际运行情况，电机绕组电阻为 2.78 Ω，电压基波有效值为 112.34 V，三相绕组激励设置为

$$
\begin{aligned}
&A:158.88\times\sin(2\times pi\times 200\times time)\\
&B:158.88\times\sin(2\times pi\times 200\times time-2\times pi/3)\\
&C:158.88\times\sin(2\times pi\times 200\times time+2\times pi/3)
\end{aligned}
\tag{5.1}
$$

同步电机中的磁场由电枢磁场以及转子励磁磁场组成，两个磁场同向同转速旋转，相对静止。在仿真过程中，可以通过对三相对称激励的初始相位角度设置实现电机定转子磁极夹角的调节，使电机运行于不同的负载状态。

通过有限元计算，可以得到额定负载状态下电机的磁感线与磁场分布，如图 5.21、图 5.22 所示。

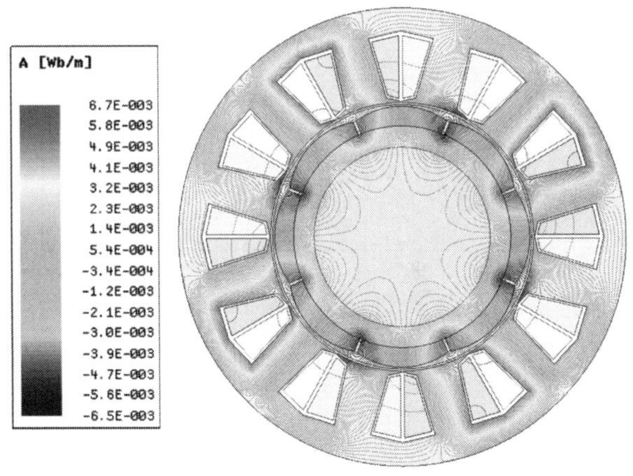

图 5.21　电机额定负载磁力线分布

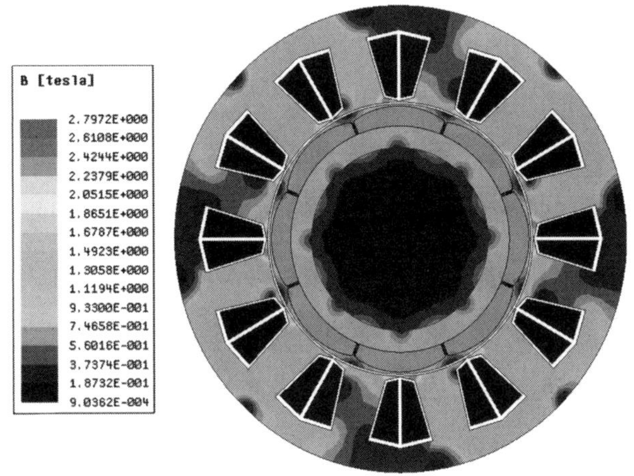

图 5.22　电机额定负载磁密云图

从图 5.21、图 5.22 中可以看出，由于集中式分数槽绕组电机每极下槽数不是整数，不同定子齿与转子磁极间的相对位置存在明显差异，因此定子铁芯中磁场分布不均匀的现象也较为明显。此外，区别于传统整数槽电机，集中式分数槽绕组电机具有更接近的极槽数配合以及更宽的定子齿，因此会在齿顶处产生较大的漏磁，进而对定子齿部的饱和程度造成影响。

采用场计算器，对电机气隙内磁密进行径向分解，图 5.23 给出了电机气隙磁密径向分量沿圆周的变化情况。

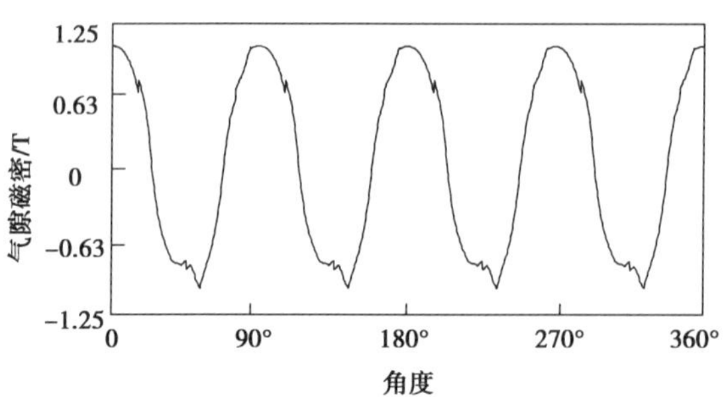

图 5.23　电机额定负载运行状态下气隙磁密径向分量沿圆周的变化

受电枢反应影响，电机内气隙磁场也出现了一定的磁极偏移，电机内的谐波含量有一定程度增加。结合傅里叶级数分解，可以对气隙磁密进行谐波分解，电机额定负载运行时一对极下的气隙磁密的谐波分解波形和谐波含量如图 5.24 所示。

图 5.24(b)给出了电机气隙磁密径分量的谐波幅值，从图中可以看出，气隙磁密基波幅值达到 1.08T，3 次谐波、5 次谐波、7 次谐波所占比例很少，分别为 0.13T、0.02T 和 0.03T。此外，区别于采用整数槽绕组的情况，当电机采用分数槽绕组时，气隙磁场中除奇次谐波外还会存在一定含量的偶次谐波。

受电机内谐波磁场的影响，电机运行过程中，电枢电流也会存在一定的 5 次和 7 次谐波，如图 5.25 所示。电机额定负载运行时，三相电流有效值为 3.14 A，经谐波分解，基波为 3.09 A，5 次和 7 次电流谐波分别为 0.22 A 和 0.07 A。

高功率因数是永磁电机主要优势之一，在有限元结果分析时，可以通过电流和同一相的输入电压相位差（如图 5.26 所示）进行功率因数计算，其公式为

$$\lambda = \cos \varphi \tag{5.2}$$

式中，λ 为功率因数，φ 为输入相电压与该相电枢电流之间的夹角。

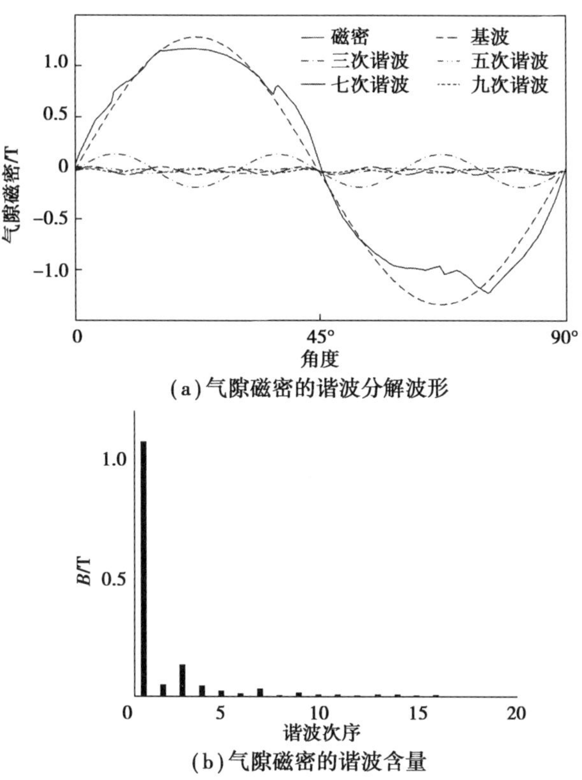

(a)气隙磁密的谐波分解波形

(b)气隙磁密的谐波含量

图 5.24　电机额定负载运行时气隙磁密径向分量谐波分解

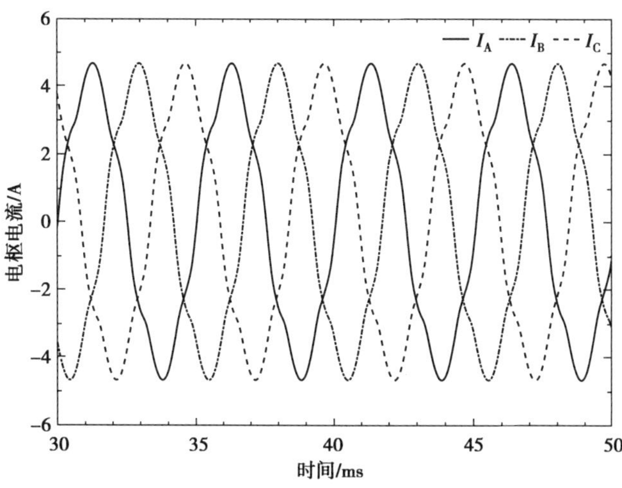

图 5.25　电机额定负载运行时三相电流波形

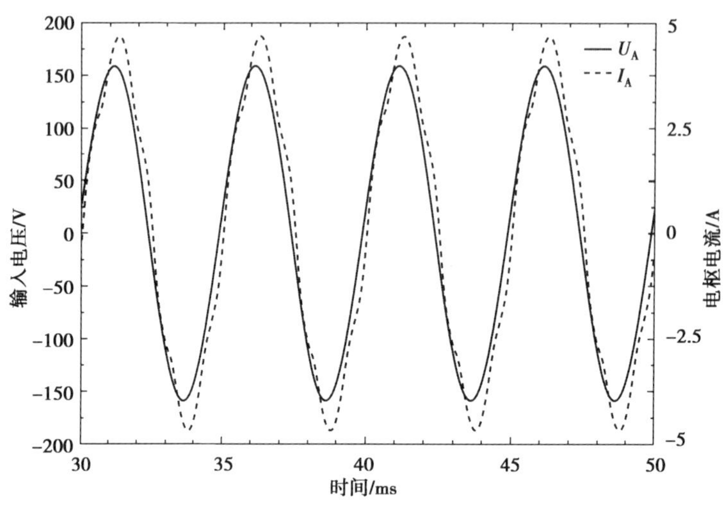

图 5.26　电枢电流与输入电压

根据上述分析方法，表 5.2 给出了电机不同负载情况下的电流及功率因数变化情况。

表 5.2　相电流和功率因数随负载的变化情况

转矩/（N·m）	功角/（°）	输出功率/kW	电流/A	功率因数
0	0	0.00	1.05	0.813
1	4.29	0.32	1.42	0.826
2	8.77	0.63	2.14	0.973
3	13.62	0.94	3.13	0.992
3.03	13.76	0.95	3.16	0.994
4	19.06	1.26	4.27	0.995
5	25.16	1.57	5.52	0.994
6	32.16	1.89	6.92	0.990
7	40.51	2.20	8.60	0.983
8	51.26	2.51	10.75	0.970
8.75	76.05	2.75	15.41	0.924

从表5.2中可以看出随着负载转矩的增加，电机的功角逐渐增大。另外，电机整体功率因数均达到了0.8以上，尤其是在3 N·m到6 N·m间，电机的功率因数都在0.99以上，接近于1。

在电机电磁参数计算的基础上，进一步对电机转矩输出特性进行分析。永磁同步电机的电磁转矩由两个分量组成，其中一个分量称为基本电磁转矩或永磁转矩，基本电磁转矩是由气隙合成磁势对应的磁极与转子磁极间的磁拉力形成，和功角 θ 的正弦成正比；另一个分量称为附加电磁转矩或磁阻转矩，附加电磁转矩是因为转子结构不对称、交直轴磁阻不同产生的。该电机虽然采用转子表贴式结构，但由于定子采用集中式分数槽绕组，交轴电枢反应磁路和直轴电枢反应磁路不对称，交轴电抗小于直轴电抗，电机的转矩-功角曲线与常规表贴式永磁电机不同。图5.27给出了电机功角范围为0～180°时电机转矩的变化情况，从中可以看出该电机转矩峰值约为8.75 N·m，是额定转矩的2.9倍。

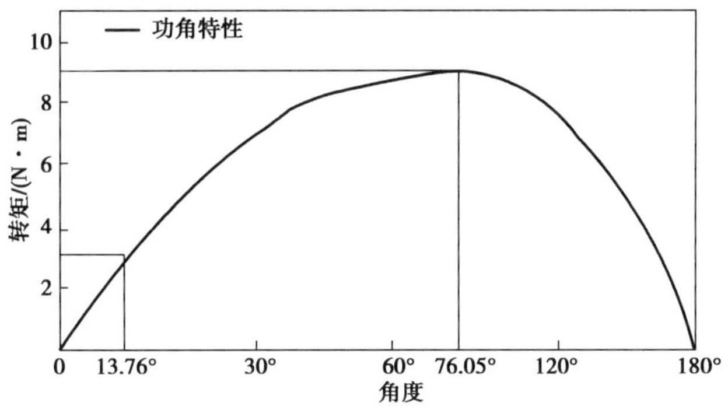

图5.27　集中式分数槽绕组永磁同步电机功角特性

电机输出转矩受电机内谐波磁场、齿槽转矩等因素的影响会产生一定波动。通过有限元计算，可以得到电机的电磁转矩曲线，如图5.28所示。

对转矩波动的分析，常用转矩波动系数衡量电机转矩波动程度。转矩波动计算公式为

$$\delta=\frac{T_{\max}-T_{\min}}{T_{\max}+T_{\min}} \tag{5.3}$$

式中，δ 为电机转矩波动系数；$T_{i\max}$ 与 $T_{i\min}$ 分别为每个周期转矩的最大值及最小值；T_{avg} 为输出转矩平均值。

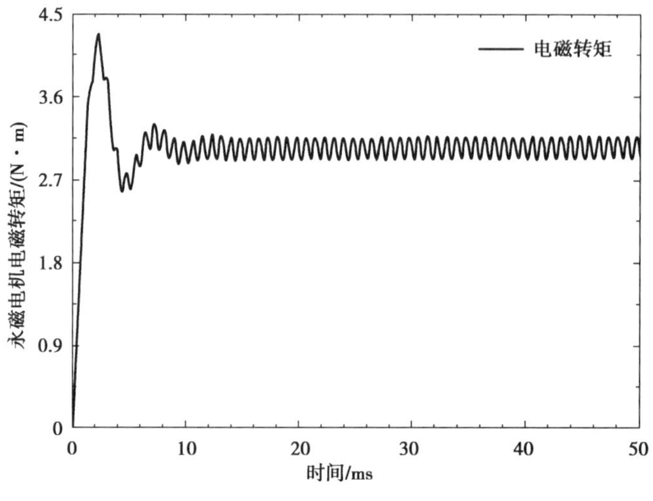

图 5.28　永磁同步电机转矩输出波形

采用上述计算方法，表 5.3 给出了电机转矩波动幅值范围和波动系数随电机负载转矩的变化情况。在额定情况下，电机输出转矩脉动幅值范围为 0.28 N·m，转矩脉动系数为 4.57%。

表 5.3　电机转矩波动随负载转矩变化情况

转矩/(N·m)	转矩波动范围/(N·m)	转矩波动系数
1	0.31	15.31%
2	0.31	6.94%
3	0.28	4.62%
3.03	0.28	4.57%
4	0.28	6.86%
5	0.57	3.02%
6	0.30	2.35%
7	0.28	1.83%
8	0.26	1.74%
8.75	0.28	2.68%

5.4　永磁电机损耗计算与分析

电机损耗是衡量一台电机性能的重要指标。铁芯损耗由磁场在电动机铁芯中交变所引起的涡流损耗和磁滞损耗组成,其大小取决于铁芯材料、频率及磁通密度,在电机电磁场有限元计算的基础上可以直接对电机的铁芯损耗进行计算。表贴式永磁同步电机永磁体内的涡流损耗是电机设计的一个关键性问题。永磁体涡流损耗会使永磁体温度升高,励磁性能降低,从而使电机效率下降,性能变差。图 5.29 和图 5.30 分别给出电机的铁芯损耗和涡流损耗的变化曲线,电机稳定运行后铁芯损耗计算结果平均约为 9.65 W,而涡流损耗计算结果平均约为 3.16 W。

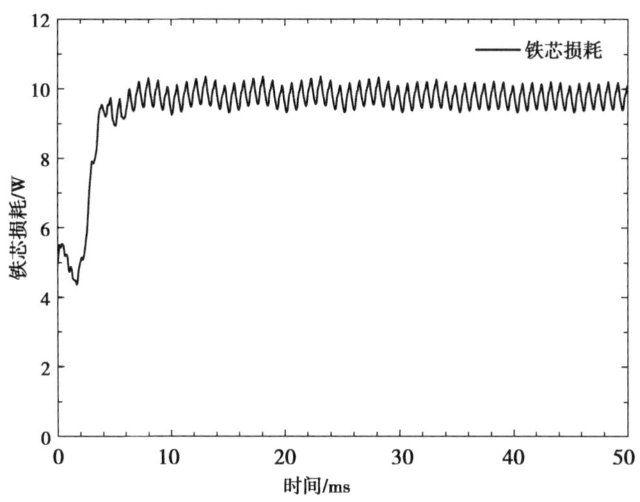

图 5.29　电机额定负载运行状态下铁芯损耗变化

为了进一步分析永磁电机转子部分涡流损耗产生的原因,基于有限元计算结果,对电机转子部分的涡流电密进行了计算。图 5.31 给出了电机负载运行时转子涡流电密的分布。从图中可以看出,电机转子的涡流损耗仅集中在转子表面,涡流电密最大值约为 3.74×10^5 A/m^2。

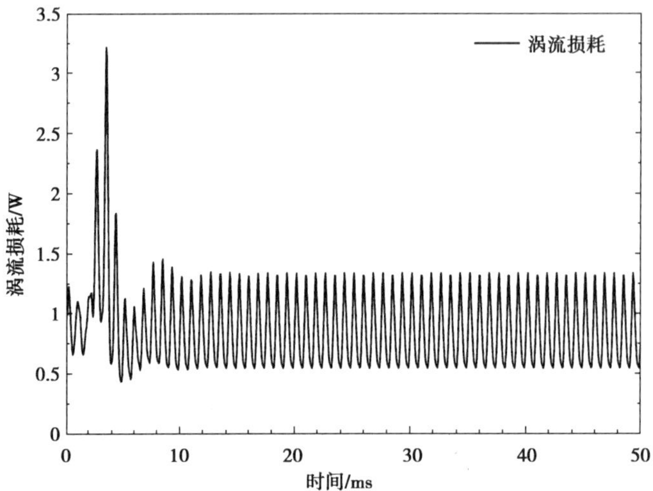

图 5.30　电机额定负载运行状态下涡流损耗变化

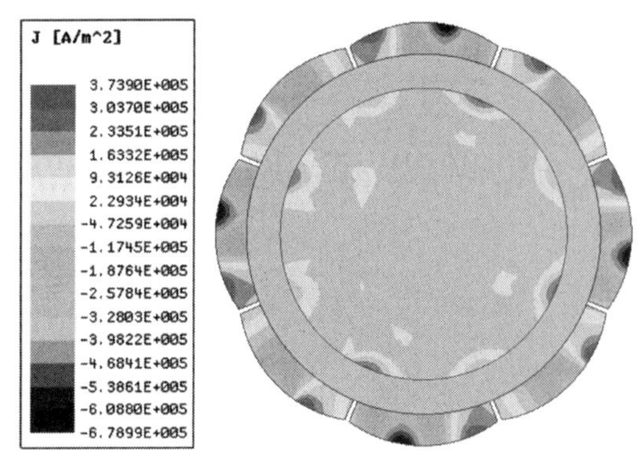

图 5.31　电机额定负载运行时转子涡流电密分布

5.5　永磁电机空载反电动势计算与分析

空载反电动势是永磁电动机一个非常重要的参数,不仅决定电动机运行于增磁状态还是去磁状态，而且对电动机的动、稳态性能均有很大影响。在有限元分析过程中，空载反电动势的计算结果能够直接反映电机建模过程中，永磁体性能参数、电机结构尺寸以及绕组数据设置是否合理，而且与实验数据对比也更为容易。

在模型 MotionSetup1 设置中取消勾选 Consider Mechanical Transient 选项，转速设置成 3 000 r/min，将激励源设置为电流源，并设置为 0 A。该条件下电机内部的磁场仅由永磁体产生，其磁感线如图 5.32 所示。

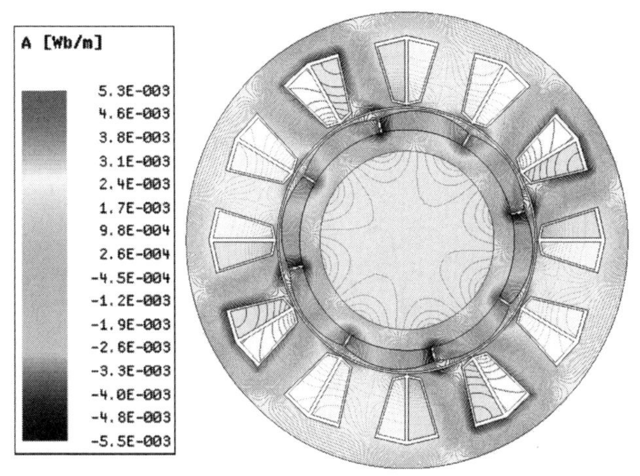

图 5.32　电机永磁体励磁条件下磁感线分布

为了更加清晰地对电机磁场分布情况进行分析，图 5.33 给出了永磁体励磁条件下电机磁密分布云图。从图中可以看出，磁密分布峰值出现在定子齿部，磁密最大值为 2.24 T。另外，齿部磁密分布并不均匀，在齿顶位置出现了严重饱和现象。通过对有限元计算结果分析，可以发现电机设计完成后存在的问题，有利于后续电机的优化设计。

图 5.34 给出了永磁同步电动机的空载反电动势的波形，通过计算，该电机空载反电动势的有效值为 103.56 V。

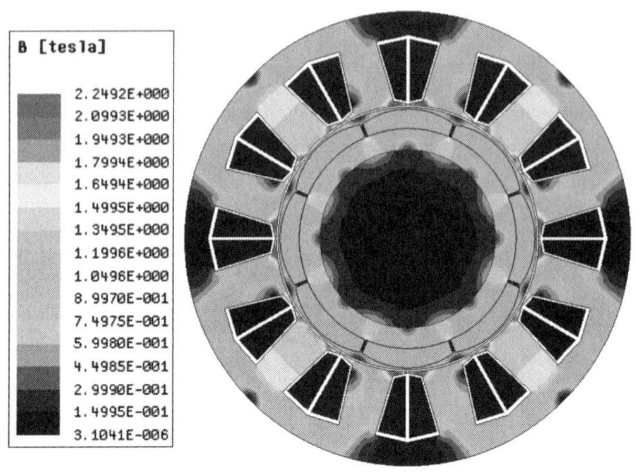

图 5.33　电机永磁体励磁条件下磁密分布

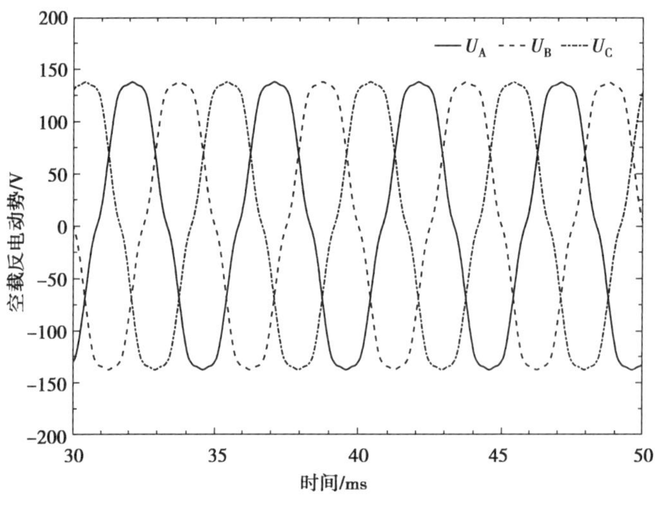

图 5.34　永磁电机空载反电动势波形

5.6　转子铁芯材料特性对电机性能的影响分析

在电机设计阶段,材料的选择是一个非常关键的环节。材料的电磁特性将直接影响电机磁路的磁阻,进一步改变电机的性能。在越来越多的工业应用中,受加工工艺以及结构尺寸等因素影响,电机转子铁芯通常采用实心转子结构。转子铁芯材料的电磁参数对电机性能的影响十分重要,必须被充分考虑。尤其在对精度和响应速度要求高的伺服领域,开展相关研究更加具有意义以及实际应用价值。

5.6.1　转子铁芯材料特性对电机空载特性的影响

转子铁芯材料的导磁性能越差,转子部分对应的磁阻越大。转子铁芯材料磁导率对磁通的影响可以根据磁路欧姆定律进行分析。

为了简化分析过程,可做出以下假设:忽略漏磁路磁阻和定子铁芯磁阻;永磁体的相对磁导率数值近似与空气相等。可得

$$\Phi=\frac{F_m}{R_m}=\frac{F_m}{\dfrac{1}{\mu_r\ \mu_0}\dfrac{L_1}{S_1}+\dfrac{1}{\mu_0}\dfrac{L_2}{S_2}} \tag{5.4}$$

$$L_2=g+h_{PM} \tag{5.5}$$

式中,Φ,F_m 和 R_m 分别为主磁路中的磁通、总磁动势和磁阻,μ_r 为转子铁芯材料的相对磁导率,μ_0 为真空磁导率。L_1 为转子磁路的长度,g 和 h_{PM} 分别表示气隙长度和永磁体厚度,L_2 为永磁体厚度和气隙的长度之和。S_1 为转子铁芯区域对应的等效面积,S_2 为永磁体区域和气隙区域对应的等效面积。

进一步可以得到

$$\Phi=\frac{F_m\ \mu_0 S_1 S_2}{(g+h)S_1}\cdot\frac{(g+h)S_1\cdot\mu_r}{L_1S_2+(g+h)S_1\cdot\mu_r} \tag{5.6}$$

由此式可以看出,随着转子铁芯材料相对磁导率的逐渐增大,式(5.6)中的第二项更接近于 1,转子铁芯材料磁导率的变化对主磁路磁通的影响也会越来越小。当 $\mu_r\gg\dfrac{(g+h)S_1}{L_1S_2}$时,转子磁导率变化对磁通的影响可以忽略不计。

根据上述分析，进一步建立转子铁芯材料磁导率不同时的电机数值计算模型，得到一对极下的气隙磁密分布情况，如图 5.35 所示。

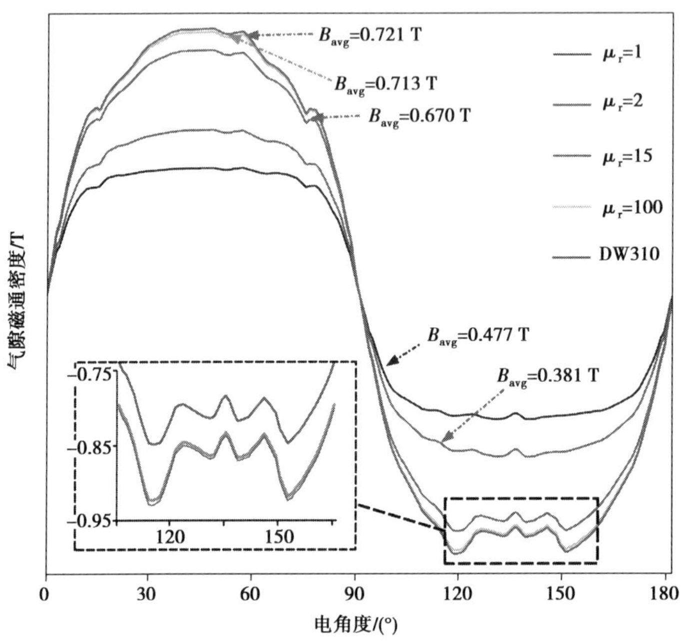

图 5.35　转子铁芯磁导率不同时永磁体励磁状态下气隙磁密分布

由图 5.5 可以看出，转子铁芯材料的相对磁导率为 1 时，气隙磁密整体幅值低，与采用冷轧硅钢片 DW310 相比表现出了明显的差别。而当转子铁芯材料的相对磁导率较大（μ_r 分别为 15、100）时，气隙磁密的分布情况与转子材料采用 DW310 时较为接近，磁密的平均值分别相差了 7.03% 和 1.11%。

对永磁电机而言，空载反电动势是电机设计的重要参数指标。合理地设计空载反电动势，有利于降低电机负载运行时的定子电流，提高电动机效率，降低电动机的损耗及温升。图 5.36 给出了电机空载反电动势随转子铁芯材料磁导率变化的规律，其中横坐标值表示转子铁芯材料的相对磁导率。

从图 5.36 中可以看出，和气隙磁密的变化规律相似，转子铁芯材料相对磁导率越大，电机的空载反电动势也越大，但空载反电动势变化的程度随着磁导率的增大逐渐减小。与采用 DW310 时相比，转子铁芯材料相对磁导率为 1 时，空载反电动势降低了 34.15%；而转子铁芯材料相对磁导率分别为 15、100 时，空载反电动势分别降低了 6.88% 和 1.07%。

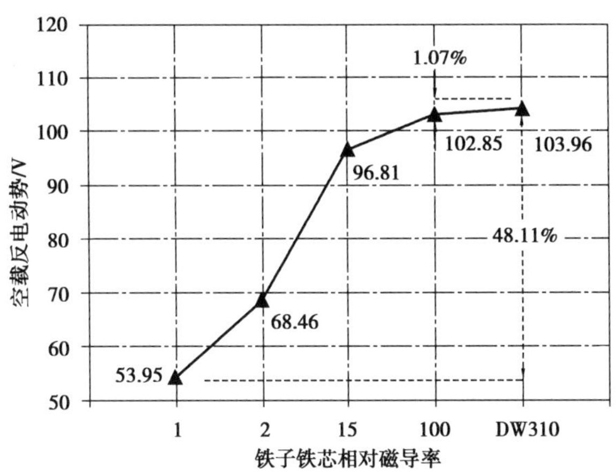

图 5.36　空载反电动势随转子铁芯相对磁导率变化的规律

在电机设计阶段，为了充分发挥铁磁材料的导磁性能，通常把铁芯内的磁通密度选择在硅钢磁化曲线的膝点，此时硅钢片的相对磁导率约为 4 000 ~ 5 000。由上述分析可知，空载情况下，当转子铁芯材料的相对磁导率足够大时（该电机中 $\mu_r>100$），即使远小于硅钢片的磁导率，其对电机空载性能的影响也会很小。

5.6.2　转子铁芯材料特性对电机负载性能的影响

电动机负载运行状态下，当定、转子铁芯的磁阻很小时，铁芯的磁位降可以忽略不计，电枢电流及永磁体建立的磁动势全部作用在气隙上。当转子铁芯材料的相对磁导率较低时，转子铁芯的磁位降不可忽略，电机内磁场将会发生变化，进一步会对电机的性能造成影响。

（1）对电枢电流的影响

磁阻增大将导致气隙内磁场变弱，电枢绕组感应电动势降低。为了维持电机绕组的电压平衡，需要更大的无功电流增强气隙磁场，提高感应电动势，最终与绕组端输入电压达到平衡。图 5.37 给出了电枢电流随转子铁芯磁导率变化的规律。

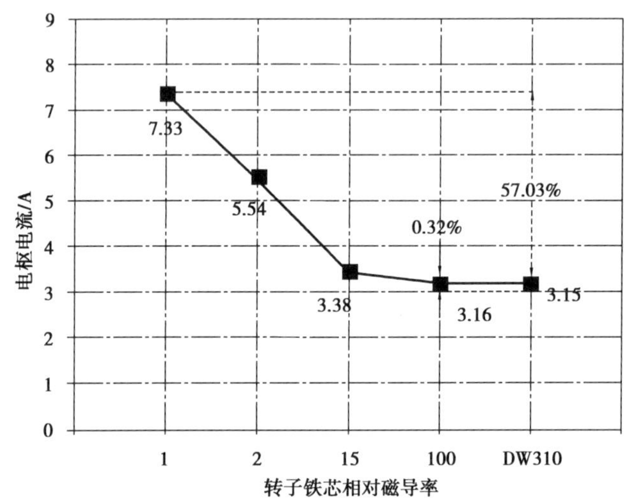

图 5.37　电枢电流随转子铁芯相对磁导率变化的规律

从图 5.37 中可以看出,转子铁芯相对磁导率越大,电枢电流越小,但当转子铁芯相对磁导率大于 100 后,采用更高磁导率的材料并不会对电枢电流产生较大的影响。对比转子铁芯相对磁导率为 1 和 100 的情况,当转子采用 DW310 时,电枢电流分别下降了 57.03% 和 0.32% 。

(2)对功率因数的影响

在恒定负载输出状态下,电枢电流的变化主要是由无功电流引起,而衡量无功电流变化最直接的参数是功率因数。图 5.38 给出了不同情况下电机功率因数的变化情况。

从图 5.38 中可以看出,随着材料相对磁导率的增加,功率因数也逐渐增大,但变化的幅度越来越小,最终接近一个固定值。当转子铁芯相对磁导率为 1 时,电机的功率因数仅为 0.59,但当转子铁芯相对磁导率为 100 时,电机的功率因数可达到 0.98,对比采用硅钢片 DW310 的情况,仅相差了 0.44% 。

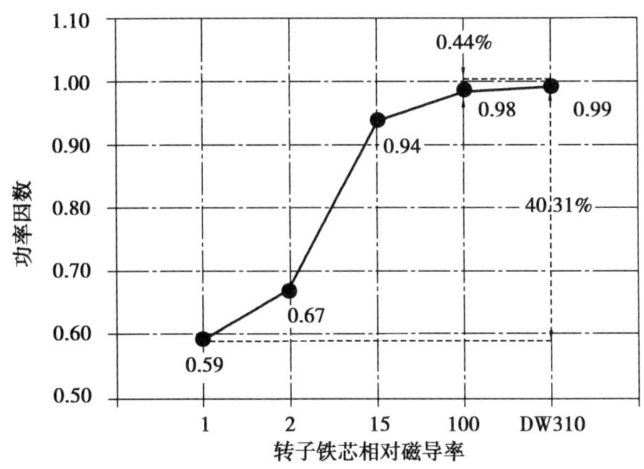

图 5.38　功率因数随转子铁芯相对磁导率变化的规律

5.6.3　转子铁芯材料特性对电机过载能力的影响

根据旋转电机的特性，电机的转矩和转速、加速度之间的关系可用式(5.7)表示：

$$T_{em}-T_{load}=J\beta+\lambda\omega \tag{5.7}$$

式中，T_{em} 为电磁转矩，T_{load} 为电机的负载转矩，J 为转动惯量，β 为角加速度，λ 为阻尼系数，ω 为角速度。

从式(5.7)中可以看出，当转动惯量、阻尼系数、负载转矩等保持不变时，如果电机的转速或者转动方向发生变化，系统角加速度的大小将取决于电机电磁转矩的最大值。而在高精机床、仿生机器人等伺服系统中，电机往往需要在短时间内进行频繁正反转运行。这种运行不仅需要承载一定转动惯量的负载，而且对响应速度有很高的要求，因此电机的过载能力对系统的影响至关重要。

转子铁芯材料的导磁性发生变化，磁路的磁阻随之发生改变，等效电抗也会变化。根据永磁同步电机电磁转矩公式(5.8)，在输出功率一致的情况下，电抗的改变必然会导致电机额定运行状态的功角发生变化，同时永磁电机功角特性曲线上的工作点也会发生偏移，对电机的过载能力产生影响。转子材料磁导率不同时，电机转矩过载倍数如图 5.39 所示。

$$T_{em}=\frac{mpE_0U}{\omega X_d}\sin\theta+\frac{mpU^2}{2\omega}\left(\frac{1}{X_q}-\frac{1}{X_d}\right)\sin2\theta \tag{5.8}$$

式中，m 为电机相数，p 为极对数，E_0 为空载反电动势，ω 为电角速度，X_d 和 X_q 分别为直轴电抗和交轴电抗，U 为输入电压的有效值，θ 为功角。

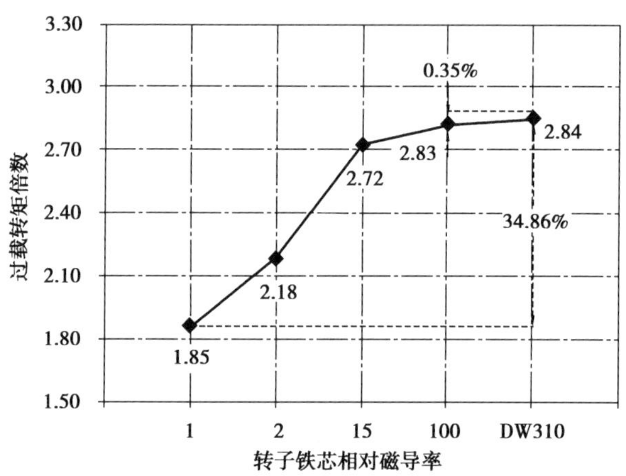

图 5.39　过载转矩倍数随转子铁芯相对磁导率变化的规律

从图 5.39 中可知，更低的转子铁芯磁导率会导致更大的转子磁路磁阻，从而使永磁伺服电机过载能力下降。转速和功率相同的情况下，转子相对磁导率分别为 1、2、15、100 时，电机的转矩过载倍数分别为 1.85、2.18、2.72、2.83，对比采用 DW310 时，分别降低了 34.86%、23.24%、4.23%、0.35%。

5.7　电机交直轴电抗分析

交直轴电抗是电机稳态性能分析和电机控制的重要参数，尤其是针对高性能、高品质的永磁电机，其电抗参数的计算与设计尤为重要。

区别于传统整数槽绕组电机，电机采用分数槽集中绕组结构，其结构的特殊性决定了电机电感与电抗将有不同的特点。一方面,由于各个线圈缠绕在单独的定子齿上,集中式绕组的各相绕组在机械、电气、温度等层面耦合度低,绕组往往具备更大的自感和更小的互感;另一方面,每极下的槽数不相同,电机内部的磁场分布更加不均匀,交、直轴磁路不对称,交互饱和现象严重,进一步影响到电机的交直轴电抗特性。

大量的研究工作指出,不管是表贴式还是内置式的转子结构,分数槽集中式绕组电机的凸极比小于相对应的整数槽分布式绕组电机。对于分数槽集中式绕组表贴式永磁电机,凸极率则会小于 1,电机的功角-转矩曲线呈现“反凸极性”。当电机输出转矩最大时,功角小于 90°,这是这类电机较少被关注的一个特点。

5.7.1　交直轴电抗的等效磁路计算

将某一相绕组连续分布的区域定义为机械相区。在集中式分数槽绕组电机中,绕组线圈缠绕在单独的定子齿上,每相绕组机械相区的长度可以由定子齿或者槽的数量来表示。集中式分数槽绕组永磁同步电机的定子可以看作不同机械相区的有序排列。通过对 A 相绕组各个机械相区内与电机绕组耦合的磁路磁导进行计算,就可以得到该相绕组的电枢反应电感,直轴电感的大小可以被进一步确定。当电机运行在额定功率时,电枢电流对电枢反应磁路的饱和程度影响可以被忽略,磁路磁导的大小仅与磁路的长度以及材料的导磁能力有关。

根据上述分析,可以得到 8 极 12 槽表贴式分数槽集中式绕组永磁同步电机电枢反应磁通的直轴磁路,如图 5.40 所示。同理,当转子 q 轴轴线与 A 相绕组轴线对齐时,可得到电枢反应磁通的交轴磁路如图 5.41 所示。两种情况下对应的等效磁路如图 5.42 所示。

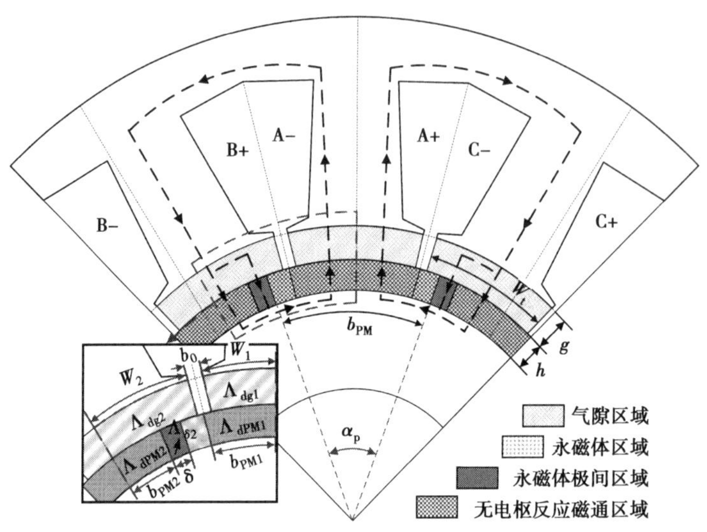

图 5.40　8 极 12 槽电机电枢反应磁通路径:d 轴磁路路径

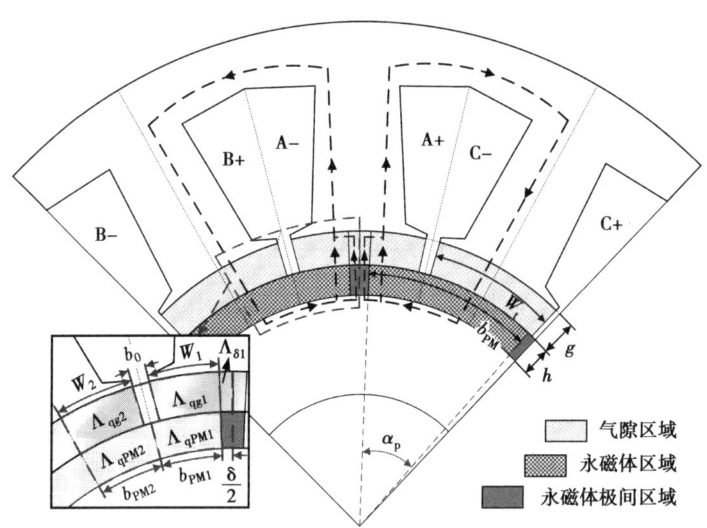

图 5.41　8 极 12 槽电机电枢反应磁通路径:q 轴磁路路径

图 5.42 中,δ 为相邻永磁体间的气隙宽度,$\Lambda_{\delta1}$ 和 $\Lambda_{\delta2}$ 分别表示永磁体一半极间区域和整个极间区域对应磁导。w_1 和 w_2 为各区域气隙对应宽度,Λ_{dg1} 和 Λ_{dg2} 分别表示 d 轴磁路中不同区域气隙对应磁导,Λ_{qg1} 和 Λ_{qg2} 分别表示 q 轴磁路中不同区域气隙对应磁导。b_{PM1} 和 b_{PM2} 为各区域永磁体对应宽度,Λ_{dpm1} 和

Λ_{dpm2} 分别表示 d 轴磁路中不同区域永磁体对应磁导，Λ_{dpm1} 和 Λ_{dpm2} 分别表示 q 轴磁路中不同区域永磁体对应磁导。

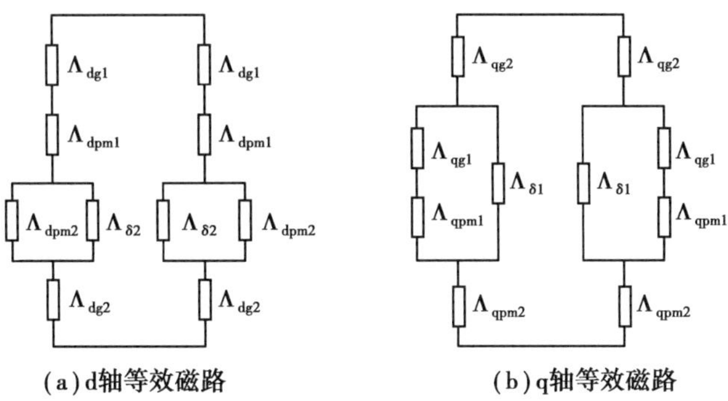

图 5.42　8 极 12 槽电机等效磁路模型

不同区域磁导的计算公式如式(5.9)所示：

$$\begin{cases}\Lambda_{\delta 1}=\mu_0 l_{ef}\dfrac{\delta}{2h_{PM}}\\[2ex]\Lambda_{\delta 2}=\mu_0 l_{ef}\dfrac{\delta}{h_{PM}}\\[2ex]\Lambda_{gi}=\mu_0 l_{ef}\dfrac{w_i}{g}\\[2ex]\Lambda_{pmi}=\mu_0\mu_r l_{ef}\dfrac{b_{PMi}}{h_{PM}}\end{cases}\tag{5.9}$$

式中，下标 i 表示磁路中气隙区域或永磁体区域的序号。

因此，各个机械相区对应的磁路磁导为：

①直轴：

$$\Lambda_{dk}=\frac{1}{2}\left[\frac{1}{\dfrac{1}{\Lambda_{dg2}}+1/\left(\dfrac{1}{\Lambda_{dpm2}}+\dfrac{1}{\Lambda_{\delta 2}}\right)+\dfrac{1}{\Lambda_{dg1}}+\dfrac{1}{\Lambda_{dpm1}}}\right],k=1,2,3\cdots\tag{5.10}$$

②交轴：

$$\Lambda_{qk}=\frac{1}{2}\left[\frac{1}{1/\left(\dfrac{1}{\Lambda_{qg2}}+\dfrac{1}{\Lambda_{qpm2}}\right)+1/\left(\dfrac{1}{\Lambda_{qg1}}+\dfrac{1}{\Lambda_{qpm1}}\right)+\dfrac{1}{\Lambda_{\delta 1}}}\right],k=1,2,3\cdots\tag{5.11}$$

式中，Λ_{dk} 和 Λ_{qk} 表示第 k 个闭合磁路的直轴磁路磁导和交轴磁路磁导。

根据磁路的磁阻计算公式，可以得到单一闭合磁路的电感 L 为

$$L=N^2\Lambda \tag{5.12}$$

式中，N 为磁路所耦合的闭合线圈匝数，Λ 为磁路总磁导。

每个机械相带内交轴和直轴总电枢反应电感分别为

$$\begin{cases} L_{\mathrm{qn}} = \sum\limits_{k=1}^{i} N^2 \Lambda_{\mathrm{qk}} \\ L_{\mathrm{dn}} = \sum\limits_{k=1}^{i} N^2 \Lambda_{\mathrm{dk}} \end{cases} \tag{5.13}$$

电机总电枢反应电感为

$$\begin{cases} L_{\mathrm{ad}} = n\sum L_{\mathrm{d}n} \\ L_{\mathrm{aq}} = n\sum L_{\mathrm{q}n} \end{cases} \tag{5.14}$$

式中，L_{ad} 和 L_{aq} 分别为电机总电枢反应直轴电抗和交轴反应电抗。

根据

$$\begin{cases} X_{\mathrm{d}} = 2\pi fL_{\mathrm{md}}+X_{\mathrm{s}}+X_{\mathrm{h}}+X_{\mathrm{c}}+X_{\mathrm{e}} \\ X_{\mathrm{q}} = 2\pi fL_{\mathrm{mq}}+X_{\mathrm{s}}+X_{\mathrm{h}}+X_{\mathrm{c}}+X_{\mathrm{e}} \end{cases} \tag{5.15}$$

采用集中式绕组，电机端部漏抗较小可以忽略，定子槽漏抗、定子谐波漏抗和定子齿顶漏抗可由电机设计公式计算得到：

$$C_{\mathrm{x}} = \frac{4\pi f\mu_0 L_{\mathrm{ef}}(K_{\mathrm{dp}}N)^2}{p} \tag{5.16}$$

$$X_{\mathrm{s}} = \frac{2pL_1\lambda_{\mathrm{s1}}}{L_{\mathrm{ef}}K_{\mathrm{dp}}^2 Q_1}C_{\mathrm{x}} \tag{5.17}$$

$$X_{\mathrm{h}} = \frac{\tau_1\sum S}{\pi^2 K_\delta \delta K_{\mathrm{dp}}^2 K_{\mathrm{st}}}C_{\mathrm{x}} \tag{5.18}$$

$$X_{\mathrm{c}} = \frac{\lambda_{\mathrm{c}}}{qK_{\mathrm{dp}}^2}C_{\mathrm{x}} \tag{5.19}$$

式中，C_x，X_s，X_h，X_c 和 X_e 分别为折算系数、定子槽漏抗、定子谐波漏抗、定子齿顶漏抗和定子端部漏抗。

5.7.2　电感的有限元计算

在有限元软件中，建立电机的静磁场模型并进行求解，可以得到电机单位长度的三相电感矩阵。为了得到交直轴电感，需对电感矩阵进行 Park 变换，将三相坐标系下参数折算至 d-q 坐标系。

(1)模型建立

首先，在二维静磁场中建立电机模型，对模型中的各面域重命名并进行材料属性的分配。对电机的三相绕组进行排序，调整电机转子的初始位置角，将转子的 d 轴与定子 A 相绕组的中心线对齐，如图 5.43 所示。

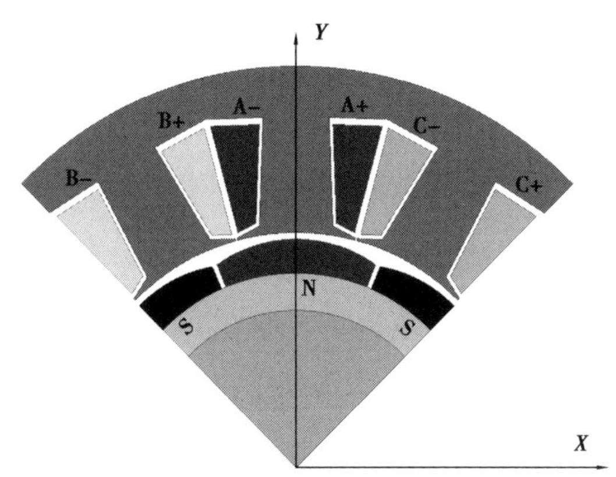

图 5.43　转子磁极与绕组的相对位置

(2)激励加载

在进行各线圈激励设置时，为了方便后续对电机不同状态进行计算，根据三相静止坐标系中电流与两相旋转坐标系中电流的关系，利用 Maxwell 中的参数自定义设置，对三相电流源激励进行参数化定义。

在功率不变约束条件下，根据 d-q 两相电流与 ABC 三相电流的关系，可将两相旋转坐标系中的电流折算至三相静止坐标系。

$$\begin{pmatrix} i_A \\ i_B \\ i_C \end{pmatrix} = \sqrt{\frac{2}{3}} \begin{pmatrix} \cos\theta & -\sin\theta \\ \cos\left(\theta - \frac{2\pi}{3}\right) & -\sin\left(\theta - \frac{2\pi}{3}\right) \\ \cos\left(\theta - \frac{4\pi}{3}\right) & -\sin\left(\theta - \frac{4\pi}{3}\right) \end{pmatrix} \begin{pmatrix} i_d \\ i_q \end{pmatrix} \tag{5.20}$$

式中,i_A、i_B、i_C 分别为三相坐标系中各相电流,i_d 和 i_q 分别为两相坐标系中各相电流,θ 为电机转子位置角,即电机转子 d 轴磁极轴线与 A 相定子绕组轴线的夹角。

由于提前将转子的 d 轴位置设为与定子 A 相绕组的中心线对齐,因此 $\theta=0$。将相电流除以并联支路数 P_B 折算至单个线圈的实际电流,各相单线圈的电流激励可分别表示为:

$$i_A = \mathrm{sqrt}(2/3)^* i_d{}^* \ N/P_B \tag{5.21}$$

$$i_B = \mathrm{sqrt}(2/3)^*(-i_d/2-\mathrm{sqrt}(3)/2 * i_q)^* \ N/P_B \tag{5.22}$$

$$i_C = \mathrm{sqrt}\ (2/3^*(-i_d/2+\mathrm{sqrt}(3)/2 * i_q)^* \ N/P_B \tag{5.23}$$

采用功率不变约束的坐标变换后,d-q 两相坐标系中的各量等于 ABC 三相坐标系中各量相有效值的$\sqrt{3}$倍,d 轴和 q 轴电流可以分别表示为:

$$i_d = \sqrt{3} I_1 \sin\beta \tag{5.24}$$

$$i_q = \sqrt{3} I_1 \cos\beta \tag{5.25}$$

式中,I_1 表示定子相电流有效值,β 为电枢电流 I_1 超前空载反电动势 E_0 的角度(即内功率因数角)。

自定义变量参数的具体设置方法为:在文件左侧的工程树栏中,右键单击项目名,执行 Design properties 操作,在弹出的选项栏中添加各参数,在 Value 中添加相关变量的数值,并在 Unit 中定义相关量纲。参数栏具体设置如图 5.44 所示。

Name	Value	Unit	Evaluated Va...	Type	Description	Read-only	Hidden	Sweep
fractions	1		1	Design		☐	☐	☑
ie	3.0995		3.0995	Design		☐	☐	☑
N	62		62	Design		☐	☐	☑
PB	1		1	Design		☐	☐	☑
Thet	6.990085101	deg	6.990085101...	Design		☐	☐	☑
id	ie*sqrt(3)*sin(...		0.653332441...	Design		☐	☐	☑
iq	ie*sqrt(3)*cos...		5.328588694...	Design		☐	☐	☑

图5.44　变量参数设置

完成参数设置后，右键各线圈对应面域，执行 Assign Excitaion/current 操作，线圈激励设置如图 5.45 所示，B、C 两相线圈激励设置应参照式（5.24）及式（5.25）。

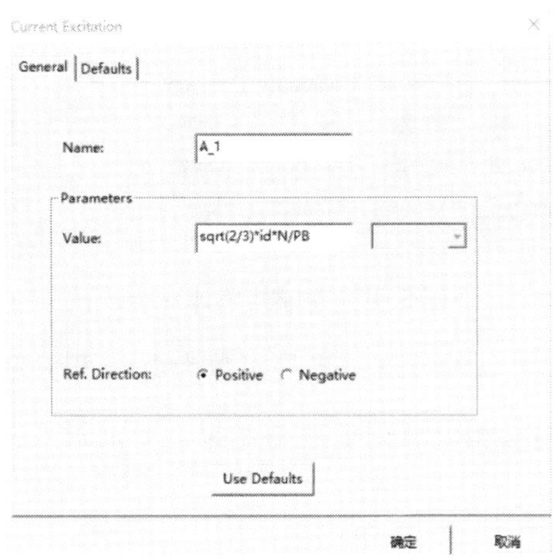

图5.45　线圈激励设置

（3）电感参数处理

在完成激励源设置后，在工程树中右键选择 Parameters 选项，执行 Assign/Matrix 操作，设置导体电感参数矩阵。在所弹出会话窗口中进行线圈匹配设置，具体设置如图 5.46 所示。

完成设置后，执行 Analyse All 操作，运行模型进行数值计算。完成计算后，右键单击 Results，选择 Solution Data 选项，即可在 Matrix 一栏中观察到导体电感矩阵。此时注意勾选 PostProcessed 选项，将导体电感矩阵转换至三相绕组电感矩阵，如图 5.47 所示。

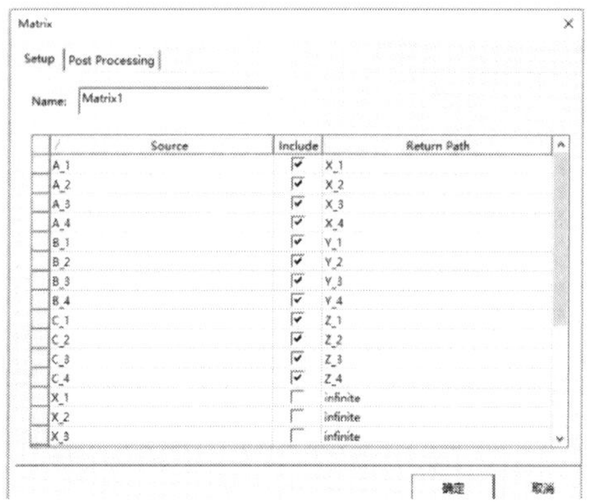

图 5.46　导体电感矩阵设置

	GroupA	GroupB	GroupC
GroupA	153.09	-74.613	-76.557
GroupB	-74.613	137.08	-60.442
GroupC	-76.557	-60.442	138.97

图 5.47　电感矩阵计算结果

由于电感矩阵中默认的计算结果是匝数为 1，三相并联支路数为 1，定转子铁芯长度为 1 m 时的三相电感值。所得结果需要通过式(5.28)所示方法进行转换。

$$\boldsymbol{L}_{\mathrm{dq}}=C^{T}\cdot\boldsymbol{L}_{\mathrm{ABC}}\cdot C\cdot\left(\frac{N}{P_{\mathrm{B}}}\right)^{2}\cdot L_{\mathrm{ef}}\tag{5.26}$$

式中，

$$C=\sqrt{\frac{2}{3}}\begin{pmatrix}\cos\theta & -\sin\theta\\ \cos\left(\theta-\frac{2\pi}{3}\right) & -\sin\left(\theta-\frac{2\pi}{3}\right)\\ \cos\left(\theta-\frac{4\pi}{3}\right) & -\sin\left(\theta-\frac{4\pi}{3}\right)\end{pmatrix}\tag{5.27}$$

式中，$\boldsymbol{L}_{\mathrm{dq}}$ 为 d-q 电感矩阵，$\boldsymbol{L}_{\mathrm{ABC}}$ 为三相电感矩阵。

根据上述分析，表 5.4 列出了两台电机的电抗计算结果与有限元仿真结果。

表 5.4　交直轴电抗及凸极率计算结果对比

	8/12		
	L_d	L_q	凸极率
等效磁路法	13.00	12.26	0.943
有限元法	13.54	12.40	0.916
相对误差	4.15%	1.14%	2.86%

第 6 章 自起动永磁同步电动机理论基础与电磁场仿真

6.1 自起动永磁同步电动机概述

自起动永磁同步电动机也称为异步起动永磁同步电动机，与传统感应电机相比，自起动永磁同步电机具有高功率密度、高功率因数、高效率和宽经济运行范围的优点，能够有效地提升电机能效等级，减小电能损耗。在全球能源资源日益紧张的背景下，对自起动永磁同步电机的研究也愈发重要。

6.1.1 自起动永磁同步电动机研究与开发的意义

当今社会，能源短缺和环境保护是世界范围内各国面临的重要课题，节能减排是应对这一课题的重要方法。在我国，电机每年消耗的电力能源约占全国总消耗电力能源的60%以上，是消耗电力能源的主要对象。因此，促进电机运行效率的提升能够节约大量的电能，减少煤炭等不可再生能源的消耗。从企业效益来看，电机效率的提升，也能够大大降低企业的用电成本，提高我国的工业竞争力。

传统的感应电动机采用自励磁方式，电动机的功率因数和效率难以提升，并且轻载时功率因数和效率较低，增加了电力系统的无功负荷进而在一定程度上增加了电力线路的损耗。传统感应电机效率的提升常常伴随着金属材料使用量的提升，例如采用更长的铁芯、更大的定转子铁芯半径、更先进的铸铜转子技术等。这些方法虽然能在一定程度上提升电机效率，但却增加了成本以及原材料的消耗。

与感应电机相比，自起动永磁同步电机采用高性能永磁体励磁，无需额外的励磁电流，因此具有较高的功率因数；正常工作时以同步转速运行，没有转子铜耗，因此具有更高的效率；高性能永磁体能够提供较强的磁场，相同规格的电机能够输出更高的功率，具有更高的功率密度。自起动永磁同步电机转子上装配有起动绕组，保留了感应电机异步起动的能力，使其在功能上能够实现对异步电机的替代。此外，在25%～120%的额定功率段内自起动永磁同步电机都具有较高的功率因数和效率，具有显著的节能优势。

我国作为稀土资源大国，稀土资源蕴藏丰富，这也使我国自起动永磁同步电机的开发研究工作具备了良好的物质基础。综上所述，大力开展自起动永磁同步电机的研究工作对我国应对能源短缺和环境保护问题以及提升我国工业国际竞争力具有重要的意义。

6.1.2　自起动永磁同步电动机的结构

自起动永磁同步电动机的外观构造与常规感应电动机一致，其内部结构与旋转类电机一样，由静止的定子和旋转的转子两大部分组成。

(1)定子

自起动永磁同步电动机的定子主要包括定子铁芯、定子绕组和机座三部分,其形式、功能与感应电机一致。由于自起动永磁同步电动机相对于常规感应电机的优势在于效率明显提升,因此在硅钢片使用上,为减小磁场在定子铁芯中产生的损耗,铁芯由 0.5 mm 甚至更薄的硅钢片叠压而成。定子槽型通常采用半闭口槽形式,其中梨形槽因槽利用率高、冲模寿命长、槽绝缘的弯曲程度较小不易损伤,应用相对广泛。

电机的绕组形式及连接方式与感应电机一致,也分为单层、双层、星形接法、三角形接法。由于三角形接法容易在绕组内部产生环流,引起额外的附加损耗,所以采用星形接法更为适合。定子采用分布式、双层短距绕组在降低磁场谐波方面有明显的优势。为了减小绕组产生的磁动势空间谐波,使之更接近正弦分布以提高电动机的性能,有时也采用一些非常规绕组,如正弦绕组、单双层混接绕组等,可以大大减小电动机的转矩波动,提高电动机运行平稳性。另外,由于自起动永磁电机的主磁场由永磁体产生,为了实现更高的功率密度,永磁电机磁负荷相对感应电机较高,因此在绕组设计方面也有一定的区别。

(2)转子

自起动永磁同步电机与感应电机最大的不同在于转子,其转子包括转子铁芯、转子绕组、转子永磁体和转轴等,相对感应电机多了永磁体,同时具备了感应电机与永磁电机的结构特点。转子铁芯通常采用半闭口槽,转子绕组一般为笼型转子结构。以常用铸铝转子自起动永磁同步电动机为例,它具有结构简单、制造方便的特点,永磁体固定常采用树脂粘接或者铁芯两端加非磁性端环固定的方式。此外,感应电机通常采用转子斜槽的形式,而自起动永磁同步电动机由于转子永磁体的存在,转子斜槽较难实现,通常采用定子斜槽。

相对于笼型转子结构,还有一种实心永磁转子结构。它是由整块铁磁材料制作而成,起动过程完全依靠转子铁芯感应的涡流产生转矩。一方面,由于转子是由整块铁磁材料制作而成,所以相对于普通异步电动机,转子表面的集肤效应更强,而且磁通和涡流也更加集中在转子表面;另一方面,实心转子结构的机械强度相对较高,且结构更加简单。

6.1.3　自起动永磁电机的特点及应用

自起动永磁电机同时具备了感应电机与永磁电机的结构与功能,其主要特点如下:

①自起动永磁同步电机具有较高的功率因数;正常工作时以同步转速运行,电机内主磁场由永磁体提供;通过合理的设计,电机的功率因数通常可以达到 0.97 以上。

②自起动永磁同步电机转子上装配有转子绕组,保留了感应电机异步起动的能力,使其在功能上能够实现对异步电机的替代。

③在 25% ~120% 负载范围内都具有较高的效率和功率因数,自起动永磁同步电机不需要无功励磁电流,可以提高功率因数,减小了电机定子电流和定子绕组损耗,并且在稳定运行时转子不产生铜耗。效率比同规格感应电机效率高 2% ~8% ,在轻载时节能效果更为显著。

④电机转速只与供电频率有关,不存在感应电机中转差率的问题,尤为适合定速传动的场合。

由于在永磁电机转子上加入了感应电机的转子笼条结构,不仅沿袭了永磁电机在较宽负载率范围内具有高效率和高功率因数的优点,而且综合了异步电机具有自起动的能力,将二者结合可以设计出性能好、转矩密度高的自起动永磁同步电机,所以其在各行各业具有广泛的应用潜力,例如电力、机械工业、冶金、矿业、农业机械、风机、压缩机、机床等行业。尤其是在国家大力推行“碳达峰”“碳中和”背景下,永磁电机的大范围采用,可以显著提高电机整体的效率水平,对进一步降低碳排放具有重要意义。

6.2 自起动永磁电机的转子特点与工作原理

6.2.1 自起动永磁电机的转子结构

自起动永磁电机的磁场主要是由永磁体产生,而转子磁路结构的不同,直接影响到电机的磁场分布以及电机内电磁参数的变化,进一步导致电动机的运行性能、制造工艺和适用场合也不相同。自起动永磁电机转子部分同时具有起动绕组与永磁体,其布局有多种方式,通常可分为以下几类:

(1)径向式磁路结构(图6.1)

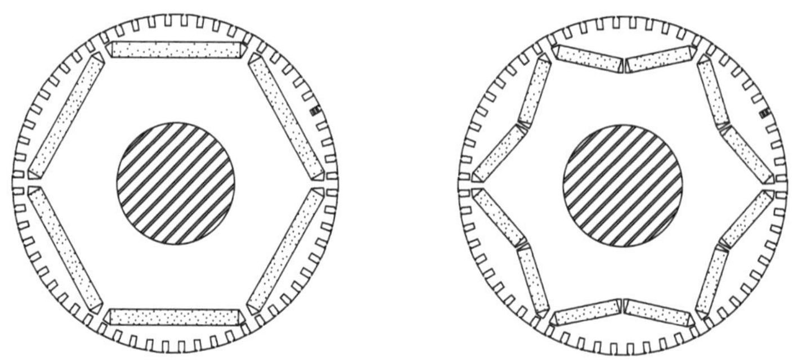

图6.1 自起动永磁电机转子径向式磁路结构

径向式磁路结构是自起动永磁电机应用最为广泛的结构形式,常见的结构形式主要有"一"字形和"V"字形。这类结构具有漏磁系数小、转轴上不需要采取隔磁措施、转子冲片机械强度高等优点。

(2)切向式磁路结构(图6.2)

切向式磁路结构的优点在于一个极距下的磁通由两个相邻磁极并联提供,可以得到更大的每极磁通,尤其适用于电机极数比较多的情况下。此外,采用切向式转子结构的永磁电机由于其交直轴电抗不相等,可以提供更多的磁阻转矩,提高电动机功率密度、牵入同步能力和扩展电动机的恒功率运行范围。

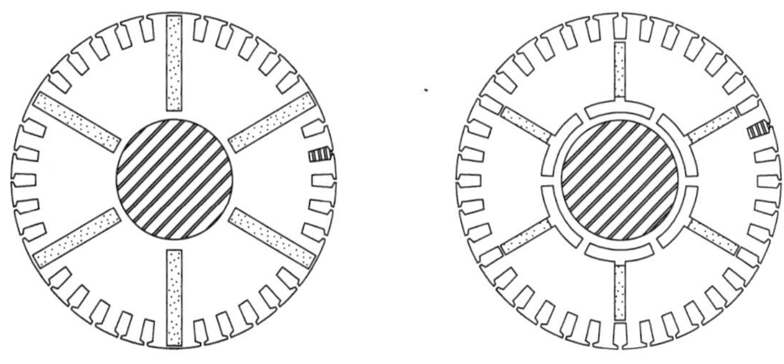

图6.2 自起动永磁电机转子切向式磁路结构

(3)混合式磁路结构(图6.3)

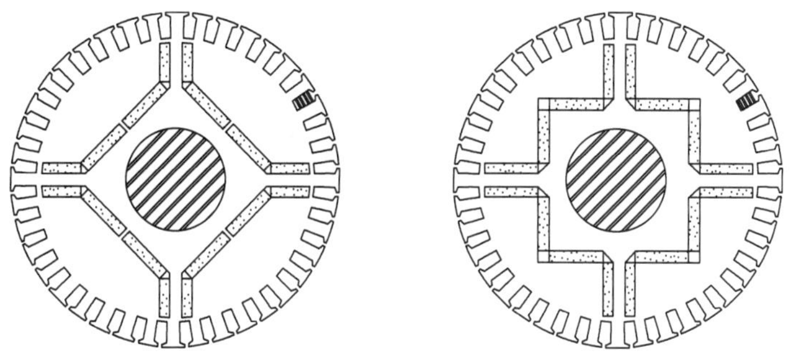

图6.3 自起动永磁电机转子混合式磁路结构

混合式结构集中了径向式和切向式转子结构的特点,但其结构和制造工艺较复杂,制造成本也较高。虽然可以安放更多的永磁体,空载漏磁系数相对更小,但是转子冲片的机械强度也在一定程度上有所下降。

此外,不同的转子磁路结构电机的交、直轴电抗也不相同,交轴电抗与直轴电抗的比值称为凸极率。上述三种转子结构直轴电抗相差不大,但是它们的交轴电抗差别较大。较大的凸极率可以提高电动机的牵入同步能力、磁阻转矩和电动机的过载倍数,因此电机设计过程中可以充分考虑凸极率所产生的磁阻转矩。

6.2.2 隔磁措施

在永磁电机转子结构中，为了提高永磁材料的利用率，需要在电机转子磁路设计过程中注意漏磁通路径，并合理采用隔磁措施。漏磁通路径及其磁感线分布如图6.4所示。为了降低漏磁影响，应尽可能缩短图6.4中 b 的大小（b 的位置称为隔磁磁桥），但是过小的隔磁磁桥尺寸将会引起冲片机械强度的下降。

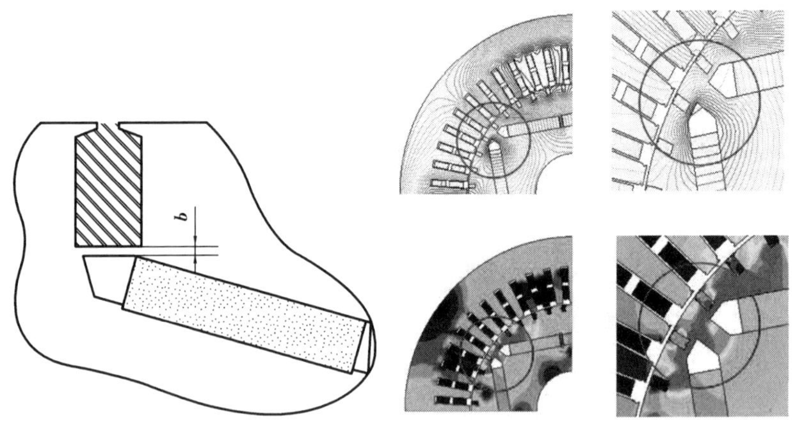

图6.4　隔磁磁桥与极间漏磁磁感线分布

6.2.3 自起动永磁电机的起动

自起动永磁电机包括起动状态、牵入同步状态和同步运行状态。起动过程中，由于电机内磁场包括定子绕组产生的行波磁场、永磁体建立的磁场、转子笼条产生的磁场，磁场组成包括了感应电机和永磁电机的特点，同时交直轴磁路的不对称又增加了其分析的复杂性。因此，有必要对电机起动状态下的磁场与力矩进行分类说明。

(1)异步电磁转矩(T_e)

在起动过程中，定子三相对称绕组通入三相对称电流，在电机内部产生以

同步转速 n_s 旋转的行波磁场。设起动某一瞬间电动机的转差率为 s,电动机转子以 $n=(1-s)n_s$ 的转速旋转,电动机起动绕组中将会感应出频率为 sf 的交流电流。与感应电机不同,即使忽略永磁体的存在,电机转子的磁路也是不对称的,即 X_d 不等于 X_q,此时转子电流所产生的磁场可分解成正、反两个方向旋转磁场。

转子的正转旋转磁场相对于转子转速为 sn_s,相对于定子的转速为 $n+sn_s=n_s$,其与定子产生的旋转磁场转速相同、相对静止,可以产生稳定的异步电磁转矩 T_e。图6.5中曲线1是11 kW自起动永磁同步电动机的异步电磁转矩 T_e。

(2)磁阻负序分量转矩(T_b)

根据上述分析,转子的反转旋转磁场相对于转子的转速为 $-sn_s$,相对于定子的转速为 $n-sn_s=(1-2s)n_s$。该磁场也会在定子绕组中感应出 $(1-2s)f$ 的电流,进一步也会产生一个 $(1-2s)n_s$ 的定子旋转磁场,与转子反向旋转磁场相对静止,形成稳定的另一异步转矩,称为磁阻负序分量转矩(T_b)。

此时,电机的转子相当于初级绕组,感应出磁场;定子相当于次级绕组;初级绕组与次级绕组又构成了一台感应电动机。当 $n=n_s/2$,即 $s=0.5$ 时,$(1-2s)f=0$,相当于感应电动机运行在同步转速,在次级绕组(定子)中无感应电流,转矩为零。当 $n>n_s/2$,即 $s<0.5$ 时,$(1-2s)n_1$ 为正,这意味着这一对旋转磁场的转向与 n_s 相同,作为次级绕组的定子受到沿 n_s 方向的异步转矩;但电机定子不动,故转子受到一个与 n_s 方向相反的转矩,即制动转矩,$T_b<0$。当 $n<n_s/2$,即 $s>0.5$ 时,则转子受到一个与 n_1 方向相同的转矩,$T_b>0$。

(3)发电制动转矩(T_g)

转子永磁体所产生的磁场以 $n=(1-s)n_s$ 旋转,在定子绕组中感应出频率为 $(1-s)f$ 的电流 I_g,这相当于一台转速为 n、定子绕组通过电网短路的同步发电机,对转子产生发电制动转矩(T_g)。图6.5中曲线2是11 kW自起动永磁同步电动机的发电制动转矩 T_g。

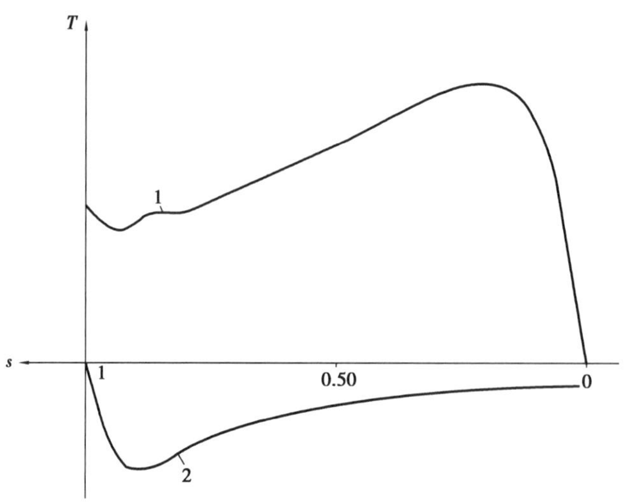

图 6.5　11 kW 自起动永磁同步电动机的转矩变化

1—异步转矩曲线;2—发电制动转矩曲线

6.2.4　自起动永磁电机的牵入同步过程

牵入同步转矩是永磁电机的一个重要性能指标,直接决定其拖动负载的能力大小,尤其是电机负载转动惯量大的场合,对于电机的牵入同步要求更加严格。如果这个指标过低,不具备足够的牵入能力,电动机将无法工作在同步运行状态,处于异步运行,其输入的功率和电流将非常大,电机振动加剧,无法长时间稳定工作。

在牵入同步过程中,转子能量的增加应等于该过程中转矩所做的功。若负载转矩较大,电动机负载转矩曲线与电磁转矩曲线的交点所对应的转速离同步转速较远,即牵入同步过程开始时的转差率较大,意味着需要更多的能量以加速该负载到同步转速。同样,系统转动惯量越大,根据永磁同步电动机的机械运动方程(式 6.1)可知,电动机所需的电磁转矩越大,相应地牵入同步所需的能量也越大,电动机越难牵入同步。

$$T_{em}-T_L=J\frac{d\Omega}{dt}=-\frac{1}{p}J\omega_s^2 s\frac{ds}{d\theta} \tag{6.1}$$

永磁体对电动机牵入同步能力有着重要且复杂的影响。采用较多的永磁体或选用较高性能永磁体意味着电动机的空载反电动势提高,一方面导致电动机同步能量增加,牵入同步能力会提高;另一方面,永磁发电制动转矩增大,导致起动过程中的平均转矩变小,电动机牵入同步开始时的转差率增大,从而使牵入同步能力下降。此外,牵入同步能力的加强,在一定程度上将会引起失步转矩降低,过载能力减弱,运行稳定性变差。根据设计经验及相关文献,$\frac{E_0}{U_N}=0.7\sim0.95$ 比较合适。小容量永磁同步电机,牵入同步相对困难,宜采用较小值;较大容量永磁同步电动机,牵入同步相对较容易,宜采用较大值,这样既可保证牵入同步有较大的过载能力,且有利于提高电动机的效率和功率因数。

6.3　自起动永磁电机瞬态电磁场建模与仿真分析

6.3.1　项目创建与模型建立

自起动永磁同步电机通常采用内置式转子结构。为了放置较多的永磁体,提升电机的运行性能,永磁体采用V形结构。电机基本参数见表6.1,定子槽型如图6.6(a)所示,转子槽型如图6.6(b)所示,永磁体形状如图6.6(c)所示,电机各部分槽型数据见表6.2。

表 6.1　自起动永磁同步电机基本参数

每槽导体数	29
额定功率/kW	11
极对数	2
定子槽数	36
气隙长度/mm	0.5
定子外径/mm	260
转子外径/mm	169
每相电枢电阻/Ω	0.76
铁芯长度/mm	135

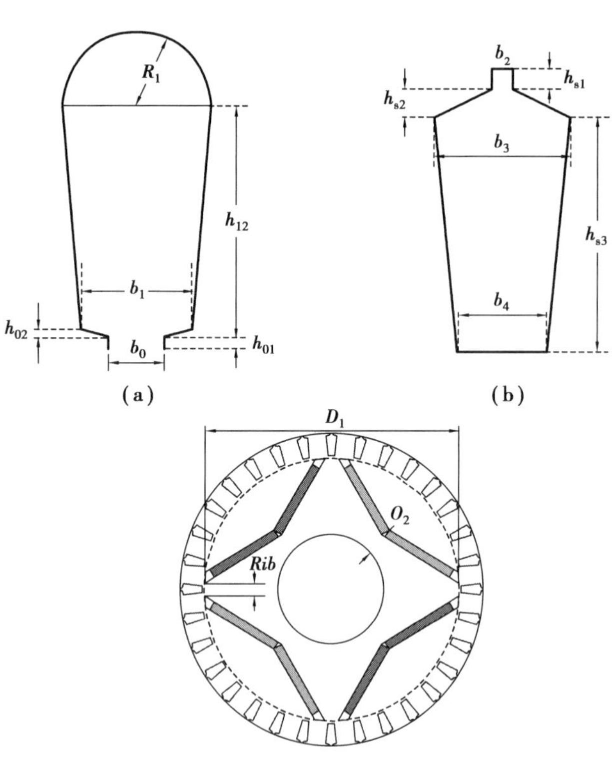

图 6.6　电机各部分槽型

表6.2　槽型数据值

单位：mm

定子槽		转子槽		永磁体	
b_0	3.8	b_2	1	D_1	140
b_1	7.7	b_3	6	O_2	10
h_{01}	0.8	b_4	4	*Rib*	7
h_{02}	0.5	h_{s1}	1	永磁体宽度	82.6
R_1	5.1	h_{s2}	1	永磁体厚度	5
h_{12}	15.2	h_{s3}	10.4	隔磁桥距离	2

(1)创建项目

创建二维电磁场工程文件，执行 Modeler/Units/Select Units 命令，确定模型单位为 mm；执行 Maxwell 2D/Solution type 命令，选择 Transient 瞬态场求解器。

(2)定子槽模型的建立

综合考虑硅钢片的叠压系数以及端部效应的影响，电机模型轴向长度设置为 132.3 mm。根据定子槽型数据，可算出定子槽各点坐标如图6.7所示(槽口坐标进行了偏移)。

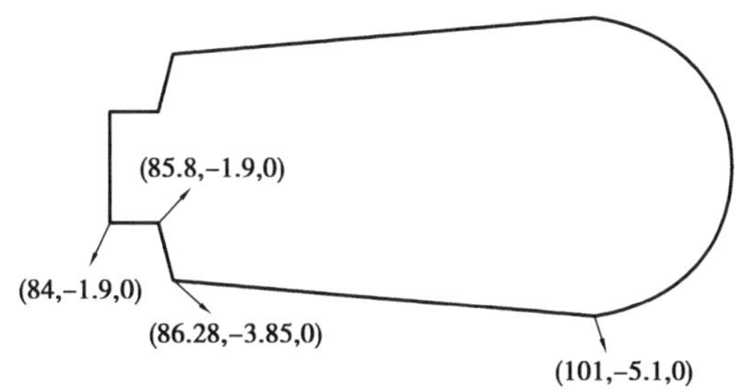

图6.7　定子槽各节点坐标

执行 Draw/Rectangle，Modeler/Boolean/Unite，Modeler/Surface/Cover lines 命令建立绕组模型，大小、位置如图6.8所示。

执行 Edit/Duplicate/Around Axis 命令进行沿轴复制，选择绕 Z 轴复制，角

度为 10°,总数量为 36,模型如图 6.9 所示。

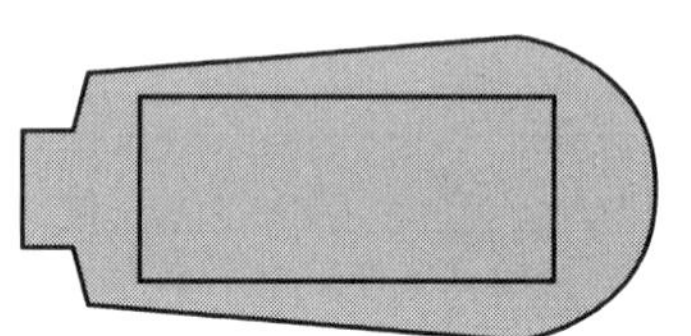

图 6.8 单个定子槽及绕组模型

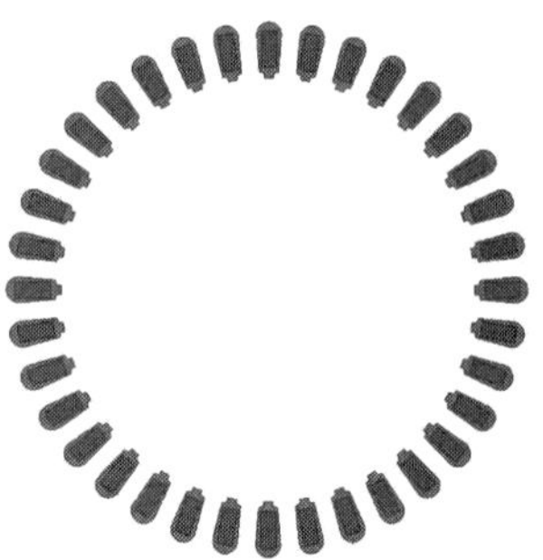

图 6.9 定子槽及绕组模型

(3)定子铁芯模型的建立

①执行 Draw/Circle 命令绘制定子铁芯外圆,输入圆心坐标(0,0,0),输入半径 dx=130 mm,生成面域。同上,绘制定子内圆,输入半径 dx=85 mm,生成面域。选中两面域,执行 Modeler/Boolean/Subtract 命令进行布尔操作,在 Blank 栏选中定子外圆面域,在 Tool Parts 栏选中定子内圆面域,此时不勾选 Clone tool objects before operation,得到定子铁芯模型如图 6.10 所示。选中定子铁芯模型,右键选择/Edit/Properties,重命名为 Stator。

②选中定子铁芯(Stator)和定子槽。执行 Modeler/Boolean/Subtract 命令进行布尔操作(区域分离),在 Blank 栏选中定子铁芯,在 Tool Parts 栏选中定子槽,不勾选 Clone tool objects before operation, 所得定子模型如图 6.11 所示。

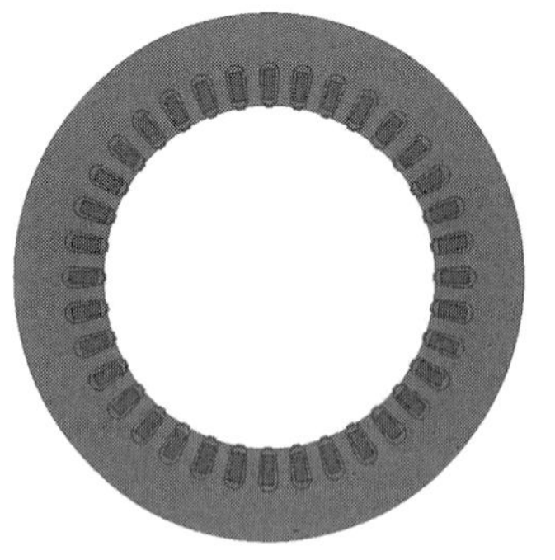

图 6.10 定子铁芯模型

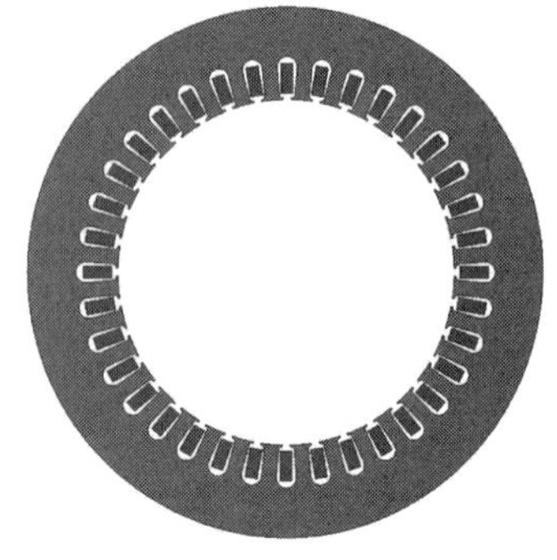

图 6.11 定子模型

(4)转子槽模型的建立

①根据电机结构尺寸,计算转子槽各点坐标,如图6.12所示(交合面去除法,转子槽口高度提升0.25 mm)。

②选中生成的转子槽模型,执行 Edit/Duplicate/Around Axis 命令进行沿轴复制,选择绕 Z 轴复制,角度为360/32,总数量为32,模型如图6.13所示。

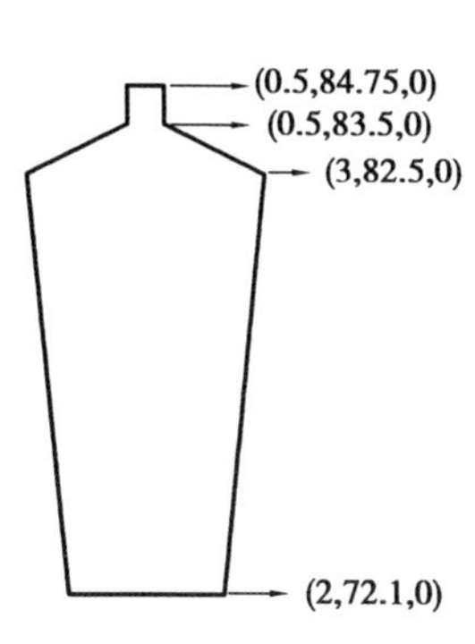

图6.12　转子槽各点坐标

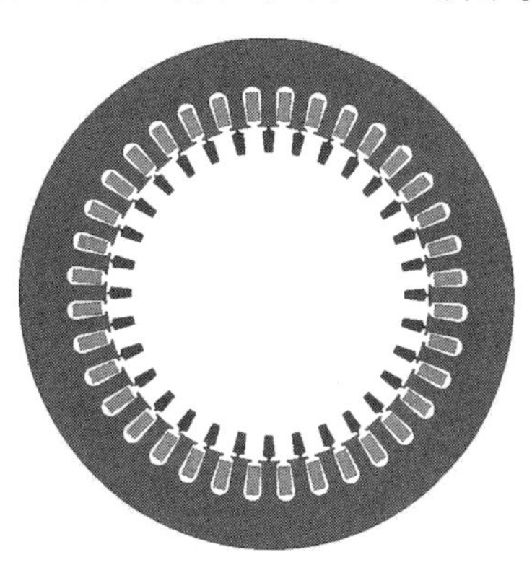

图6.13　转子槽模型

(5)转子永磁体模型的建立

①根据电机结构尺寸,可计算出永磁体及永磁体V形槽各点坐标,如图6.14所示。

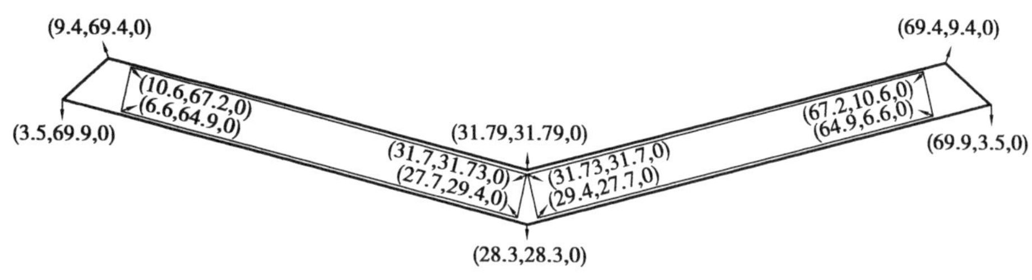

图6.14　永磁体各节点坐标

②按照图6.14建立一对极下的永磁体模型,选中其中的矩形面,右键选择/Edit/Properties,将其重命名为 Mag。然后选中生成的永磁体及V形槽,执行 Edit/Duplicate/Around Axis 命令进行沿轴复制,选择绕 Z 轴复制,角度为90°,总数量为4,模型如图6.15所示。

(6)转子铁芯模型的建立

①执行 Draw/Circle 命令绘制转子外圆,输入圆心坐标(0,0,0),输入半径 dx=84.5 mm(气隙长度为0.5 mm),生成面域。绘制转子内圆(也称之为转轴区域),输入半径 dx=30 mm,生成面域。选中两面域,执行 Modeler/Boolean/Subtract 命令进行布尔操作,在 Blank 栏选中转子外圆面域,在 Tool Parts 栏选中转子内圆面域,勾选 Clone tool objects before operation 得到转子模型,如图 6.16 所示。选中转子轭模型,右键选择/Edit/Properties,更名为 Rotor。选中转子内圆,右键选择/Edit/Properties,更名为 Shaft。

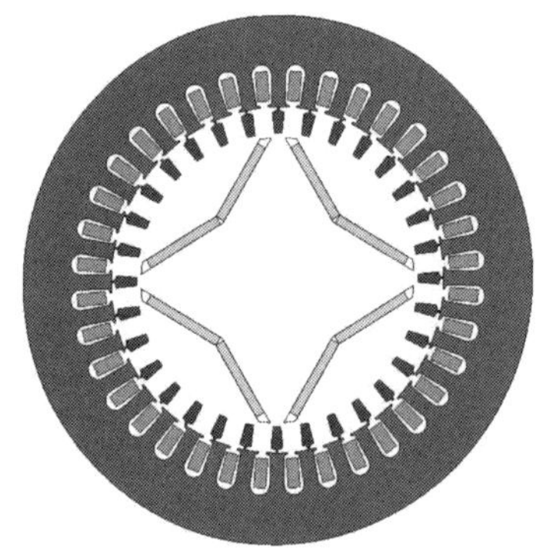

图 6.15　转子槽及永磁体模型

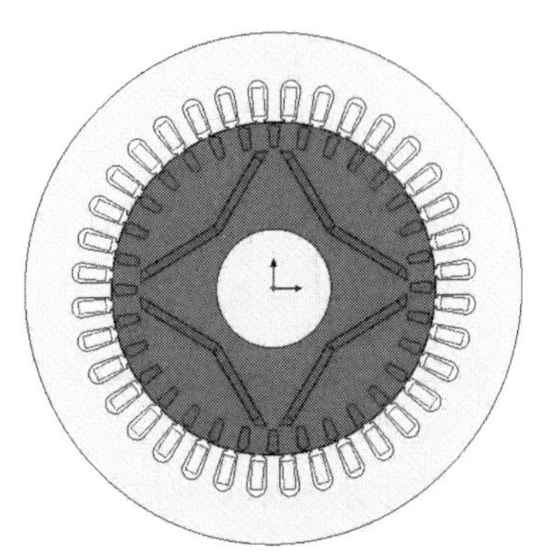

图 6.16　转子面域模型

②选中转子面域模型,右键选择/Edit/Copy 和 Paste,然后选中其中一个转子面域、笼条以及"V"字形面域结构,执行 Modeler/Boolean/Subtract 命令进行布尔操作,转子面域处于 Blank 栏下,笼条和"V"形面域处于 Tool Parts 栏下,不勾选 Clone tool objects before operation,得到转子冲片模型。

③选中转子和转子冲片模型,执行 Modeler/Boolean/Subtract 命令进行布尔操作,在 Blank 栏选中转子面域,在 Tool Parts 栏选中转子冲片面域,勾选 Clone tool objects before operation 得到转子笼条及"V"形模型。选中转子笼条及"V"形模型,执行 Modeler/Boolean/Separate Bodies 命令分离转子笼条面域,删除"V"形面域,得到转子模型,如图 6.17 所示。

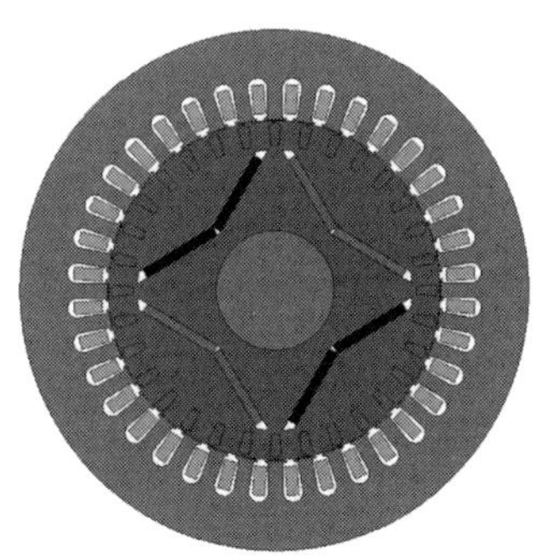

图 6.17　转子模型

(7)求解域模型和运动面域的建立

执行 Draw/Reign 命令,在所弹出提示框中选中 Pad all directions similarly 选项,生成求解域模型。

由于在瞬态场中添加了运动条件,故需建立运动面域 Band。执行 Draw/Circle 命令画圆,圆心坐标为(0,0,0),半径 dx 为 84.75 mm,生成面域,使之覆盖转子部分,大小比转子铁芯外圆略大。选中运动面域,右键选择/Edit/Properties,更名为 Band。

在工程树栏中选中 Band,右键单击 Assign Band,选中 Type/Motion/Rotation(并保持 global:Z,指定绕 Z 轴旋转)。单击 Mechanical,可勾选 Consider Mechanical Transient,设定转动惯量、阻尼系数、负载转矩等,图 6.18 为设置好的模型。

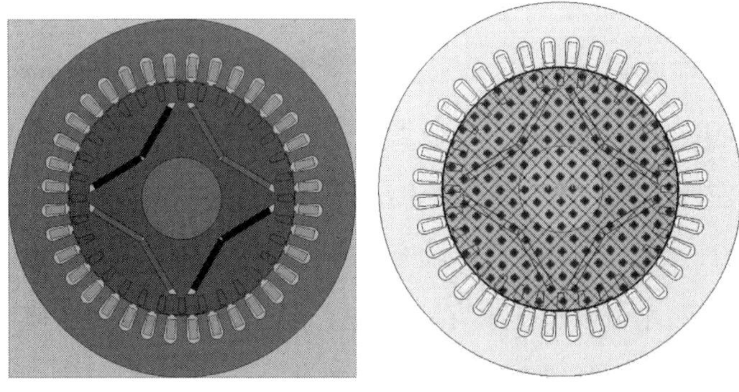

图 6.18　运动面域 Band 设置

6.3.2 参数设置

(1)设置电机各部分材料属性

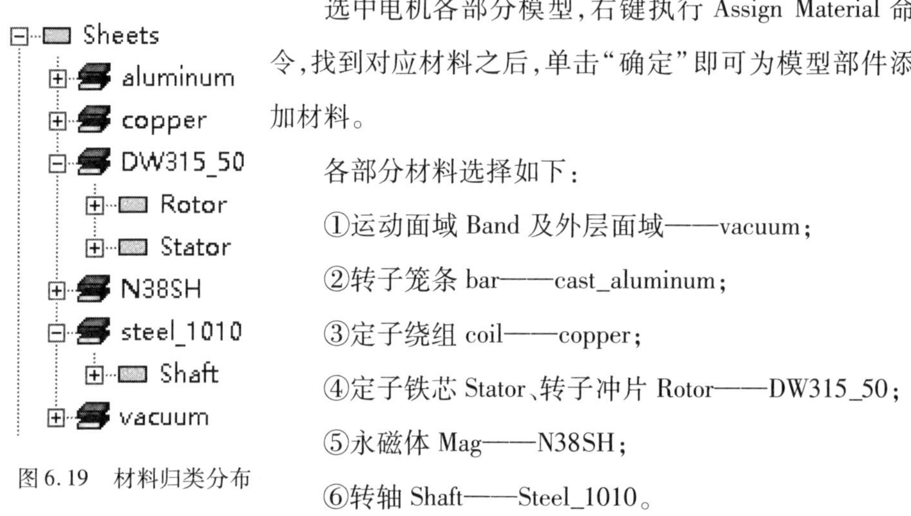

图 6.19 材料归类分布

选中电机各部分模型,右键执行 Assign Material 命令,找到对应材料之后,单击“确定”即可为模型部件添加材料。

各部分材料选择如下:

①运动面域 Band 及外层面域——vacuum;

②转子笼条 bar——cast_aluminum;

③定子绕组 coil——copper;

④定子铁芯 Stator、转子冲片 Rotor——DW315_50;

⑤永磁体 Mag——N38SH;

⑥转轴 Shaft——Steel_1010。

至此,电机各个部件的材料属性定义与分配均已完成,模型管理器中各个部件的分布自动将材料进行归类,如图 6.19 所示。

(2)设定永磁体的磁化方向

由于所该电机转子具有 8 个磁极,并且每个磁极需要在其自身的坐标系统充磁,因此,需要在全局坐标系的基础上建立 8 个相对坐标系。为建立新的相对坐标系统,首先需要选中全局坐标系 Global,执行 Moderler/Coordinate/System/Creat/RelativeCs/Both 命令或者单击工具栏中按钮。以 N 极永磁体为例(图 6.20 左侧永磁体),单击永磁体左下角顶点,之后单击与充磁方向平行的另外一个顶点(永磁体材料设置 x 轴充磁方向),即可建立与该永磁体充磁相对应的局部坐标系;单击该永磁体,在属性窗口将坐标系 Global 更换为刚建立的局部坐标系,完成该永磁体充磁方向的设置,同理对其他每一块永磁体也进行相应的充磁设置,S 极永磁体如图 6.21 所示。

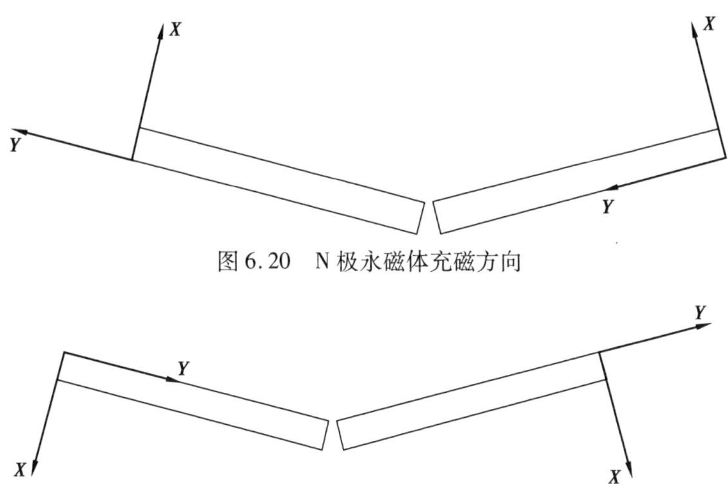

图6.20　N极永磁体充磁方向

图6.21　S极永磁体充磁方向

(3)设置绕组激励与边界条件

首先对电机进行绕组分相。本例中电机绕组采用分布式绕组的结构,相同颜色为同相绕组,A、B、C三相绕组采用三种颜色进行区分,绕组排列顺序沿逆时针方向周期循环,如图6.22所示。

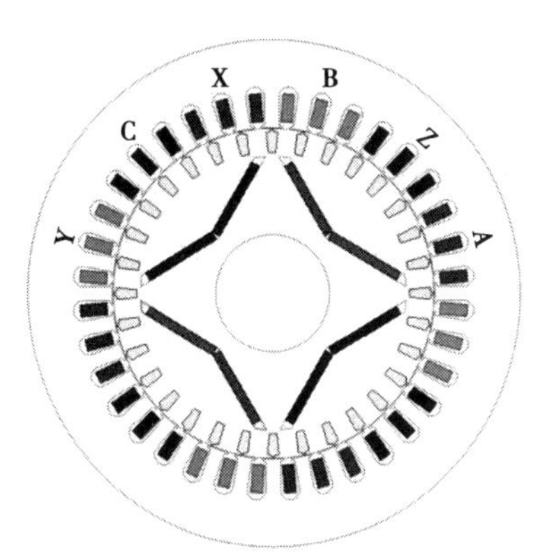

图6.22　电机定子绕组排列

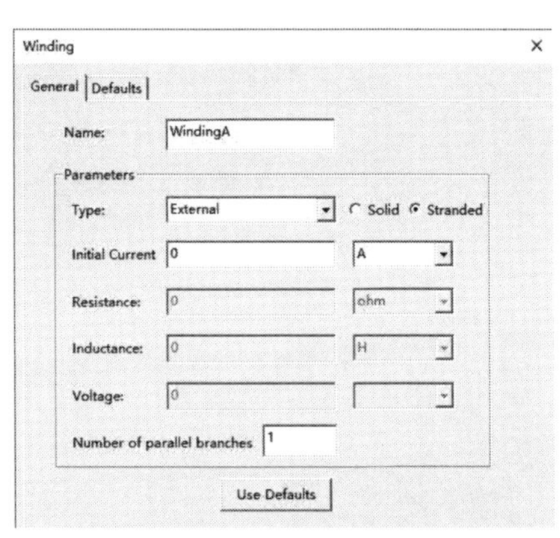

图6.23　WindingA参数设置

电机定子绕组若采用三角形连接方式,需要建立外电路。具体操作是在分相完成后,右键单击工程管理器Excitations栏中Add Winding,并将其重命名为WindingA,选择类型为External,绕组类型为Stranded,如图6.23所示,并依次添加 WindingB、WindingC。

加载电压激励源之后，选中所有 A 相绕组，单击 Maxwell 2D/Excitations/Assign/Coil。电机定子绕组采用单层，每槽导体数为 29，将极性 Polarity 设置为 Positive，并将其重命名为 phA_0。其余绕组按照逆时针方向分别设置为 X 相、B 相、Y 相、C 相、Z 相。其中，A 相、B 相、C 相极性为 Positive，而 X 相、Y 相、Z 相极性为 Negative。

右键选择 Winding 执行 Add Coils，将 A 相、X 相绕组添加到 WindingA 中（按住 Alt 键选中所有的 A 相和 X 相绕组）；将 B 相、Y 相绕组添加到 WindingB 中；将 C 相、Z 相绕组添加到 WindingC 中。

执行 Maxwell 2D/Excitations/External Circuit/Edit External Circuit 命令，单击 Edit Circuit，进入外电路编辑，如图 6.24 所示。搭建好的外电路以及 A 相绕组电压源设置如图 6.25 所示，B 相和 C 相电压源中的 Phase 选项分别设置为 120 和 240。编辑好的外边路执行 Maxwell Circuit/Export Netlist 命令。在图 6.24 中，单击 Import Circuit，导入生成的外电路。

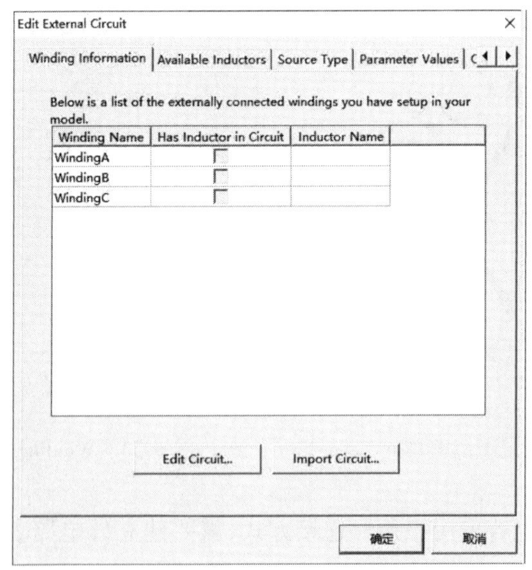

图 6.24　外电路设置界面

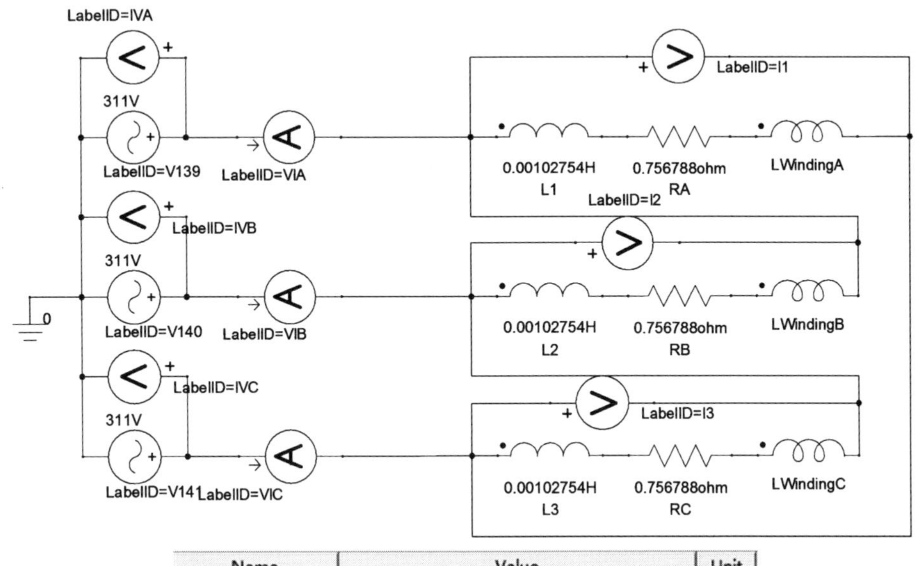

Name	Value	Unit
Name		
V0	0	V
Va	311	V
VFreq	50	
Td	0	
Df	0	
Phase	0	
Type	TIME	
Status	Active	
Info	VSin	

图 6.25　外电路及 A 相电压源设置

选中所有的转子笼条(bar)，右键执行 Assign Excitation/End Connection 命令对端环进行设置，完成后如图 6.26 所示。

在有限元计算过程中，定转子部分的铁芯损耗根据斯坦梅茨方程拟合进行计算，在模型硅钢片材料中已经默认设置 K_h(磁滞损耗系数)、K_c(经典涡流损耗系数)、K_e(附加涡流损耗系数)。

涡流损耗是电机内部导电材料在谐波旋转磁场作用下形成的损耗，定转子铁芯中的涡流损耗已经计算在铁芯损耗内；转子起动笼条、永磁体还会有一部分涡流损耗，该部分损耗可以通过有限元进行计算。

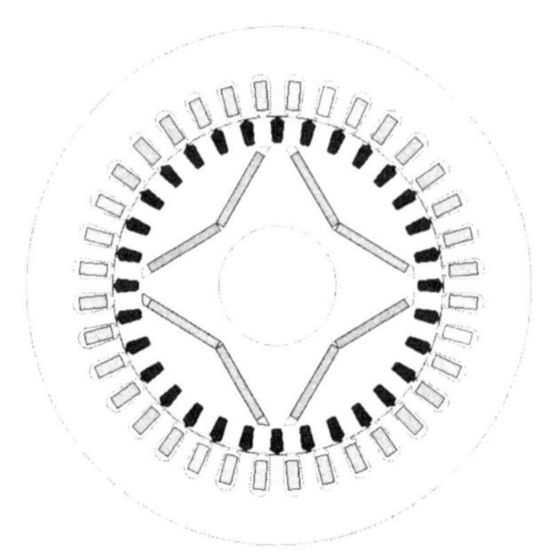

图 6.26　转子端环设置

右键选择工程管理器 Excitations 栏,执行 Set Core Loss 命令,选中定子铁芯 Stator,如图 6.27 所示。

同样,右键选择工程管理器 Excitations 栏,执行 Set Eddy Effect 命令,对所有的转子笼条(bar)和永磁体(Mag)进行勾选,如图 6.28 所示。

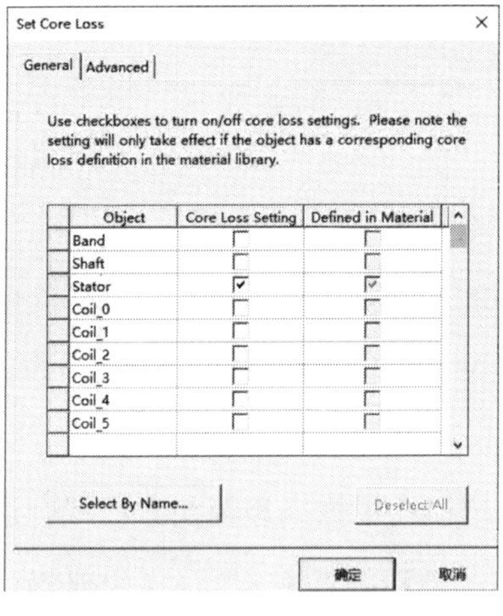

图 6.27　铁芯损耗计算的设置

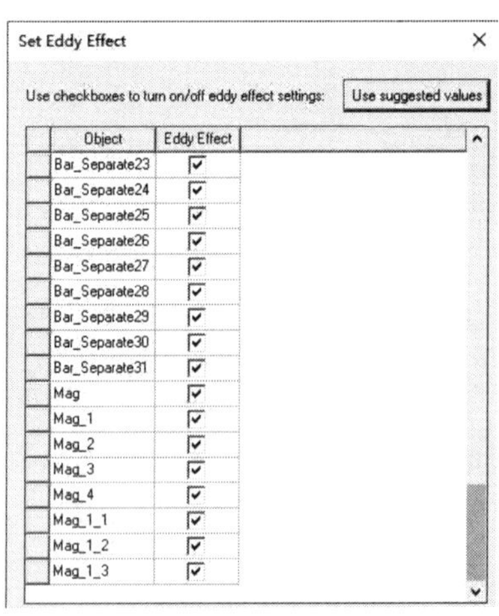

图 6.28　转子涡流损耗计算的设置

定子铁芯外边界设置零向量磁位边界条件:首先执行 Edit/Select/Edge 命令,选择定子外圆边界线,再执行 Maxwell 2D/Boundaries/Assign/Vector Potential 命令施加边界,参数设置为 0,边界条件设置结果如图 6.29 所示。

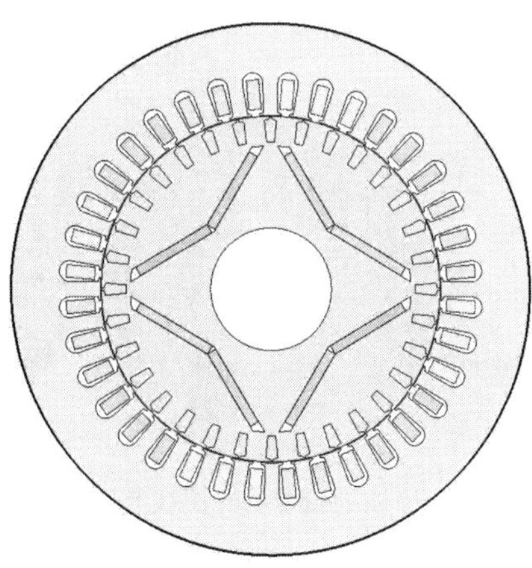

图6.29　零向量磁位边界条件的设置

(4)运动选项设置

选中 Band 面域，右键单击 Assign Band 进行运动设置。在 Type/Motion 栏中选择运动方式为 Rotation，旋转方向为绕 Z 轴正方向旋转；在 Mechanical 栏中勾选 Consider Mechanical Transient，再根据仿真要求设置转动惯量、阻尼系数、负载转矩。

6.3.3　空载反电动势的分析

空载反电动势是永磁电动机一个非常重要的参数，其不仅决定电动机运行于增磁状态还是去磁状态，而且对电动机的动、稳态性能均有很大影响。在有限元分析过程中，空载反电动势能够直接反映电机建模过程中永磁体性能参数、电机结构尺寸以及绕组数据设置是否合理，而且也容易实现与实验数据对比，所以空载反电动势的计算通常作为永磁电机仿真结果分析的第一环节。

在 MotionSetup1 设置中取消勾选 Consider Mechanical Transient 选项，转速设置成 1 500 r/min，将激励源设置为电流源，设定 0 A。此时电机内部的磁场仅由永磁体产生，其磁感线和磁密分布如图 6.30 所示。

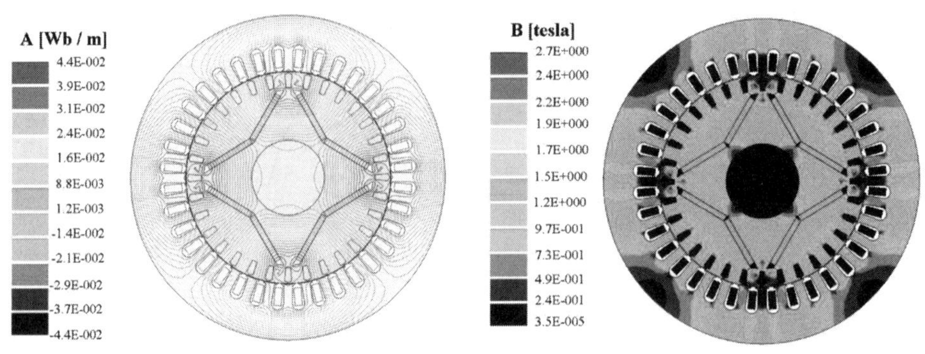

图 6.30 永磁体励磁磁场磁感线与磁密分布图

从图 6.30 中可以看出电机在永磁体励磁作用下,电机的磁感线与磁密分布完全按照四极对称分布。根据磁感线分布,可以发现磁性相反的两个磁极间存在明显的极间漏磁。结合磁密分布图,可以看出永磁体与转子笼条间距较小处的磁密达到 2.5 T,此处被称作隔磁磁桥,通过其饱和减少了极间漏磁,从而实现了隔磁的目的。通过 InducedVoltage(A)、InducedVoltage(B)、InducedVoltage(C)可以得到电机绕组空载反电动势波形,空载反电动势的有效值为 360 V,如图 6.31 所示。从图 6.31 中可以看出,受定转子开槽影响,电机空载反电动势谐波明显。

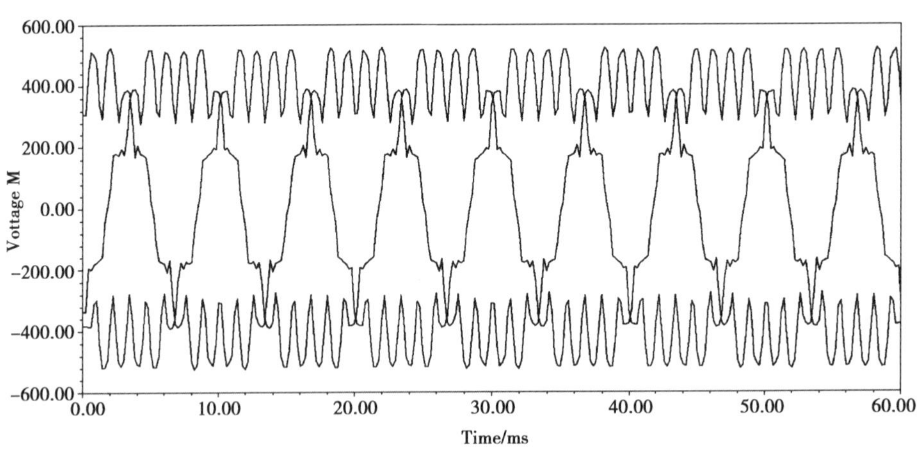

图 6.31 空载反电动势波形图

6.3.4　电机空载运行结果分析

自起动永磁电机空载运行时,相对于普通感应电机,不需要大量的无功电流建立电机内部磁场,因此其空载电流相对较小。同时,在仿真时考虑到电机运转时的机械摩擦损耗,因此设定该部分损耗为额定功率的 1%。此时电机稳定时电流为 4.97 A,空载电流波形如图 6.32 所示。

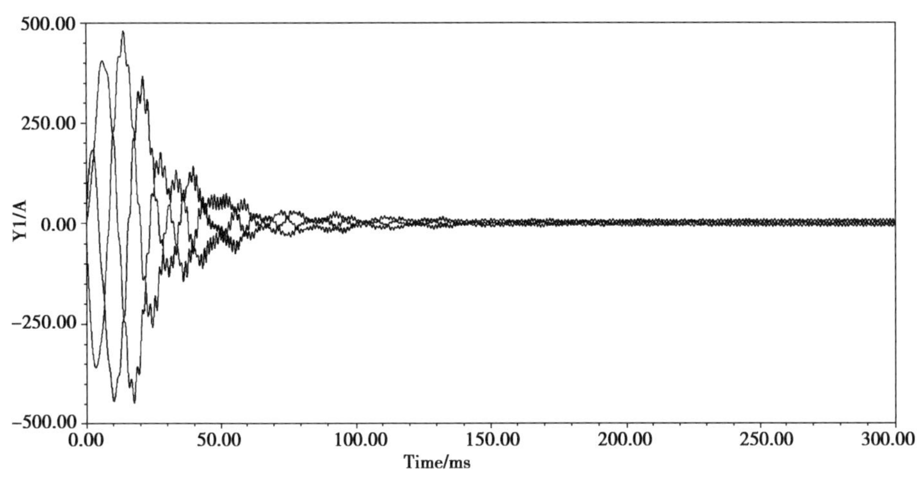

图 6.32　电机空载运行电流波形图

电机在空载运行时,起动瞬间转子笼条中将会感应出较大的电流,笼条将会受到很大的电磁力;在起动过程中,受永磁体影响,电机转矩会出现短时的波动,稳定后,空载转矩接近于零。电机的转矩波形如图 6.33 所示。

四极电机的同步转速为 1 500 r/min。自起动永磁电机在异步起动运行之后,将会牵入同步转速,因此电机稳定转速为 1 500 r/min,如图 6.34 所示。

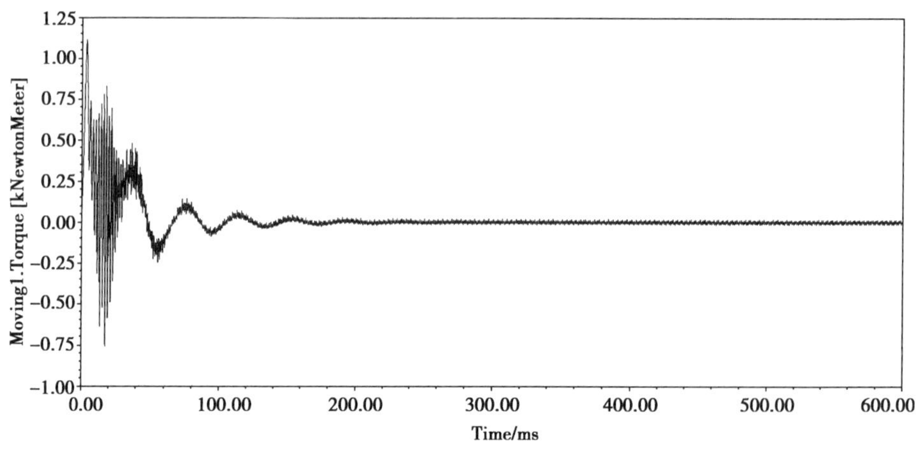

图 6.33　电机空载运行转矩波形图

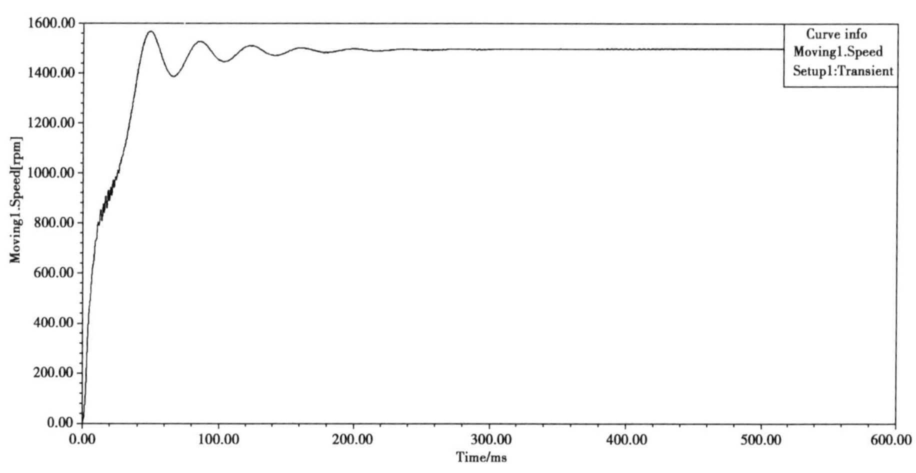

图 6.34　电机空载运行转速波形图

6.3.5　电机负载运行结果分析

自起动永磁电机负载运行时,负载转矩大小为 70.03 N · m。电机拖动负载后,起动过程时间相对于空载明显增加,但稳定后转速仍为同步转速,电机额定负载运行状态下转速波形图如图 6.35 所示。

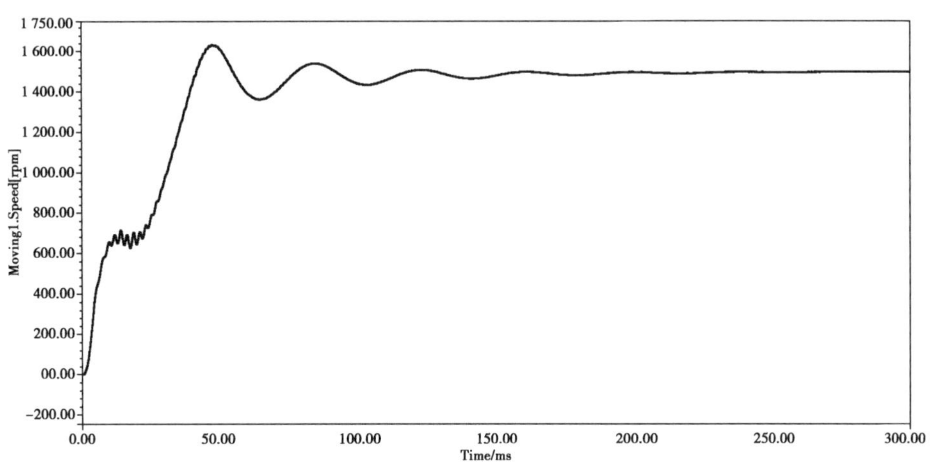

图 6.35　电机额定负载运行转速波形图

从图 6.35 中可以看出，转速经过起动过程中的振荡，在 100 ms 趋于稳定；转速的波动同样也会引起输出、输入功率的振荡变化，电机电流也随之改变，在 100 ms 电枢电流也逐渐趋于稳定，如图 6.36 所示。电机额定负载运行时，定子线电流有效值稳定在 17.8 A。对比输入电压与输入电流波形相位，可以发现电机稳定运行之后两者相位基本一致，功率因数达到了 0.99。

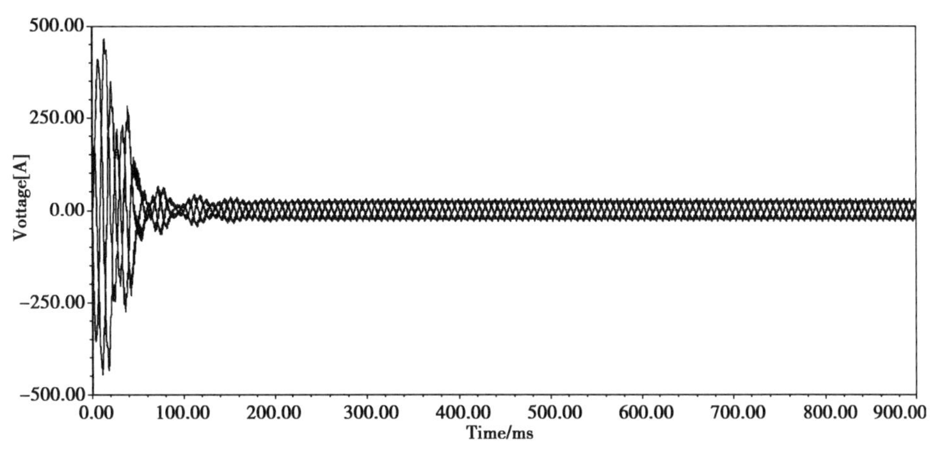

图 6.36　电机负载运行定子电流波形图

电机负载运行时，除了永磁体建立的磁场外，还有电枢绕组产生的电枢磁场。图 6.37 给出了电机额定负载运行时磁感线及磁密分布情况。

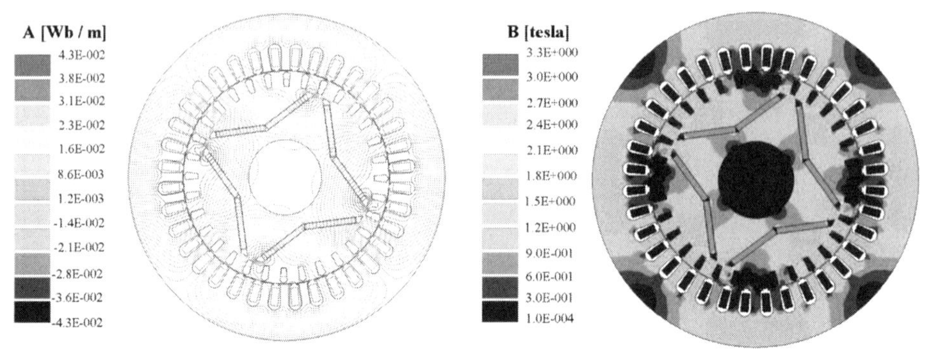

图 6.37　电机额定负载运行状态下磁感线及磁密分布图

通过与永磁体励磁绕组状态下的磁力线及磁密分布图对比,可以看出电机在电枢反应作用下,磁力线及磁密分布发生变化。电机负载运行时,转子铁芯的磁力线不对称度提高,磁力线从直轴轴线向交轴轴线发生偏移,同时交轴轴线处极间漏磁明显分布不对称。

第7章 自起动永磁电机性能计算与分析

7.1 绕组匝数对自起动永磁同步电机性能的影响研究

绕组匝数对永磁同步电机空载反电动势、定子电阻、端部漏抗和同步电抗等参数都有着不同程度的影响，绕组匝数的合理设计会有效提升电机的性能。由于自起动永磁同步电机运行原理和结构的特殊性，常规电机绕组匝数的设计并不能完全适用于自起动永磁同步电机。因此，研究绕组匝数和连接方式对自起动永磁同步电机性能影响，对于该类型电机的优化设计有着重要的意义。

在电机学中，由两个元件边组成一匝，其中元件边放置在每相绕组所对应的定子槽中，每个槽内的元件个数称为每槽导体数。对于单层绕组，每线圈匝数等于每槽导体数；对于双层绕组，每个槽存在两个不同线圈，每个线圈匝数为每槽导体数的一半。所有的线圈按照一定的规则进行连接，构成了每一相的绕组。为了分析绕组匝数对电机性能的影响，以一台 11 kW 自起动永磁同步电机为例建立了二维瞬态电磁场有限元分析模型，如图 7.1 所示，具体过程参见第 6 章。

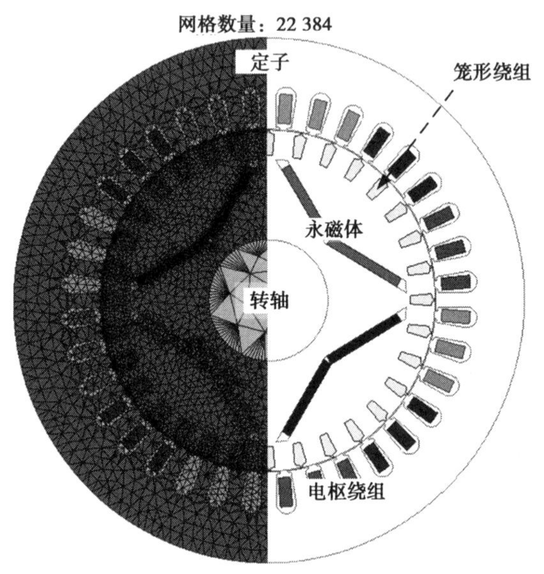

图 7.1　自起动永磁同步电机有限元计算模型

在有限元计算过程中，为了便于分析做出以下假设：①不考虑位移电流的影响；②忽略了硅钢片、定转子绕组等材料特性随温度的变化。基于上述假设，2D 瞬态电磁场的计算公式为

$$\begin{cases} \Omega:\dfrac{\partial}{\partial x}\left(\dfrac{1}{\mu}\dfrac{\partial \dot{A}_z}{\partial x}\right)+\dfrac{\partial}{\partial y}\left(\dfrac{1}{\mu}\dfrac{\partial \dot{A}_z}{\partial y}\right)=-\left(\dot{J}_z-\sigma\dfrac{\mathrm{d}\dot{A}_z}{\mathrm{d}t}\right) \\ S:\dot{A}_z=0 \\ P:\dfrac{1}{\mu_1}\dfrac{\partial \dot{A}_z}{\partial n}-\dfrac{1}{\mu_2}\dfrac{\partial \dot{A}_z}{\partial n}=\dot{J}_s \end{cases} \tag{7.1}$$

式中，Ω 为有限元模型的求解域；$\dot{A}_z$ 和 $\dot{J}_z$ 分别为磁矢量和电流密度的 Z 轴分量；σ 为电导率；μ 为磁导率；S 为定子外径边界条件；P 为永磁体的边界条件；μ_1

和 μ_2 为相对磁导率；$\dot{J}_s$ 为永磁体的等效面电流密度。

在仿真计算的同时，构建了自起动永磁电机测试平台，如图 7.2 所示。将有限元仿真计算结果与测试结果进行对比，如表 7.1 所示。从表中可以看出，自起动永磁电机不同功率下，电机的实验结果与仿真数据的偏差均在 5% 以内。

表 7.1　11 kW 自起动永磁电机试验与仿真数据对比

功率/kW	实验数据		仿真数据	
	电流/A	功率因数	电流/A	功率因数
4	7.56	0.878	7.20	0.911
9	14.8	0.971	14.56	0.984
11	18.23	0.976	17.8	0.990
16	26.53	0.965	26.44	0.979

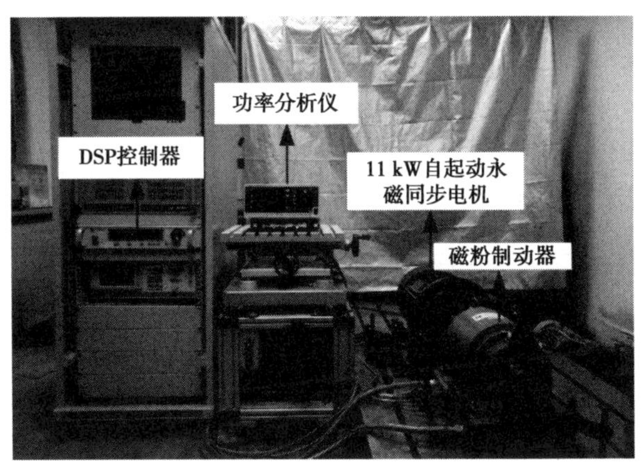

图 7.2　自起动永磁电机实验平台

7.1.1　绕组匝数对电机电枢电流、功率因数的影响分析

电机的电枢电流、功率因数不仅直接影响电机的效率，而且也将对电网输电线路损耗和电网无功容量有一定影响。通过二维有限元计算得到自起动永

磁电机绕组匝数不同时,定子电流和功率因数随负载的变化规律,如图 7.3、图 7.4 所示。图中,27—33 分别代表每槽导体数。

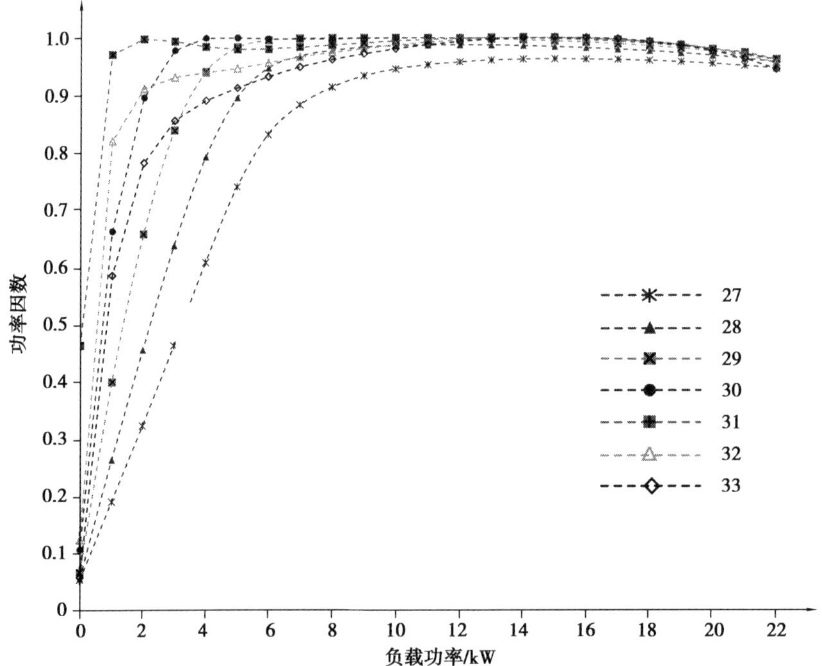

图 7.3　绕组匝数不同时功率因数随负载的变化

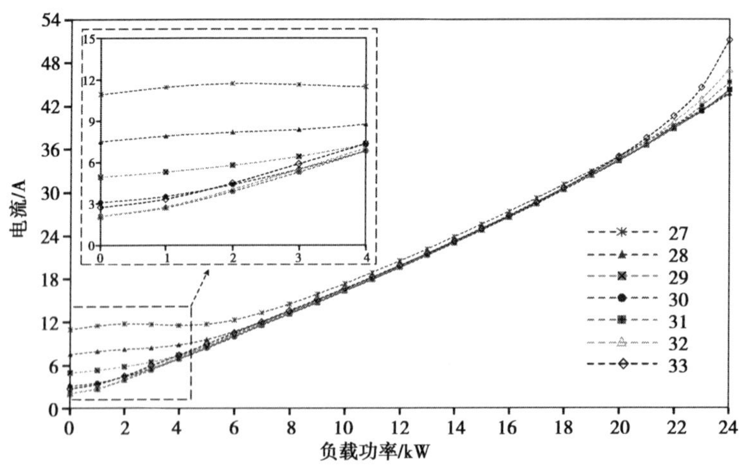

图 7.4　绕组匝数不同时电枢电流随负载的变化

从图 7.3、图 7.4 中可以看出，电枢电流随着每槽导体数的增加呈现先降低后升高的变化规律，而功率因数与电枢电流的变化规律正好相反，随着每槽导体数的增加呈现先升高后降低的变化规律。

电机负载功率不同时，每槽导体数对电机电枢电流和功率因数的影响程度不同。电机负载功率处于 0 ~8 kW 时，每槽导体数的变化对电枢电流和功率因数影响较大。在此过程中的各个功率点处，电枢电流最大值与最小值的比值最大为 5.25 倍，最小为 1.1 倍；功率因数最大值与最小值的比值最大为 7.23 倍，最小为 3.83 倍。电机负载功率大于 8 kW 时，每槽导体数对电枢电流影响程度减弱。在此过程中的各个功率点处，电枢电流最大值与最小值的比值最大为 1.08 倍，最小为 1.04 倍；功率因数最大值与最小值的比值最大为 1.07 倍，最小为 1.02 倍。

电机的负载功率不同时，电枢电流最小值所对应的每槽导体数也会发生变化。如电机负载功率处于 0 ~4 kW 时，电枢电流最小值所对应的每槽导体数为 31；电机负载功率分别处于 5 ~18 kW、19 ~22 kW、23 ~24 kW 范围内，电枢电流最小值所对应的每槽导体数为 30、29、28。

7.1.2　绕组匝数对电机空载反电动势、功率角的影响分析

空载反电动势 E_0 是永磁电动机一个非常重要的参数，不仅决定电动机运行于增磁状态还是去磁状态，而且对电动机的动、稳态性能均有很大影响，而匝数的变化直接导致自起动永磁同步电机空载反电动势 E_0 的变化，所以有必要对不同匝数下电机的空载反电动势进行计算分析。利用有限元计算得出了不同匝数下空载反电动势大小，其结果见表 7.2。

从表 7.2 中可以看出，随着绕组每槽导体数的增加，电机运行的空载反电动势逐渐增加；当绕组每槽导体数超过 31 时，空载反电动势超过了 380 V。

表 7.2　不同匝数下电机的空载反电动势及其与额定电压的比值

每槽导体数	27	28	29	30	31	32	33
E_0/V	334.3	346.6	359.5	371.4	383.8	396.2	408.5
E_0/U_N	0.88	0.91	0.95	0.98	1.01	1.04	1.08

功角是指空载反电动势 $\dot{E}_0$ 与端电压 $\dot{U}$ 之间的夹角，是反映电机稳定运行状态及稳定运行余量的重要参数。因此，本书通过有限元计算得出电机在不同匝数下的功角特性曲线，如图 7.5 所示。

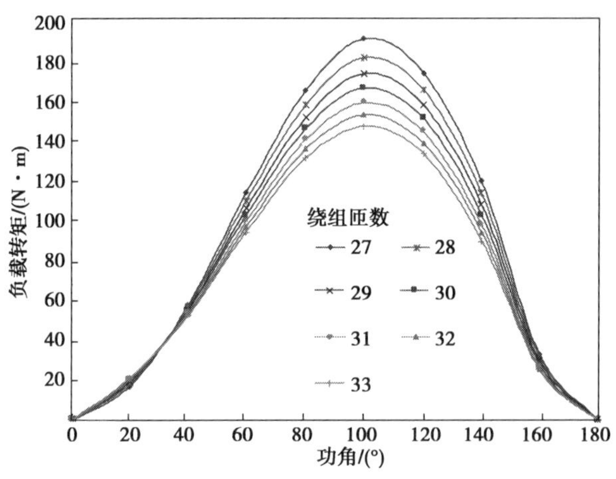

图 7.5　绕组匝数不同时电机的功角特性曲线

从图 7.5 中可以看出，当电机稳定运行时，功角在 0～40°范围内，不同匝数下的功角特性曲线基本重合；功角在 50°～100°范围内，不同匝数下的功角特性曲线差距逐渐增大，当功角在 100°左右均达到最大负载转矩。随着每槽导体数的增加，电机达到相同负载转矩所对应的功角变大。当电机功角相同时，随着每槽导体数的增加，转矩变小，功角在 100°左右时，这种变化规律最明显。表 7.3 为不同绕组匝数下对应的最大转矩。

从表 7.3 中可以看出，随着每槽导体数的增加，最大转矩逐渐减小，并且变化率也随之降低。每槽导体数从 27 变化到 28 时，转矩减小了 4.9%；当每槽导体数从 32 变化到 33 时，转矩减小了 3.8%。

表 7.3　不同绕组匝数下电机的最大转矩

每槽导体数	最大转矩/(N·m)
27	190.1
28	180.7
29	172.8
30	165.3
31	158.4
32	152
33	146.2

在上述分析的基础上,进一步结合相量图对电机各参数变化进行了深入讨论,图 7.6 给出了电机在不同负载下的相量图。从图中可以看出,随着每槽导体数的增加,空载反电动势 E_0 增大。轻载时,E_0 的变化占主导因素,E_0 过大或者过小都会导致直轴电流分量增大进而使定子电流变大,功率因数减小,如图 7.6(a)所示。随着负载功率的升高,电机内电磁转矩增大,功角变大。E_0 变化对电流、功率因数的影响逐渐减小,不同匝数间定子电流、功率因数逐渐趋于一致,如图 7.6(b)所示。

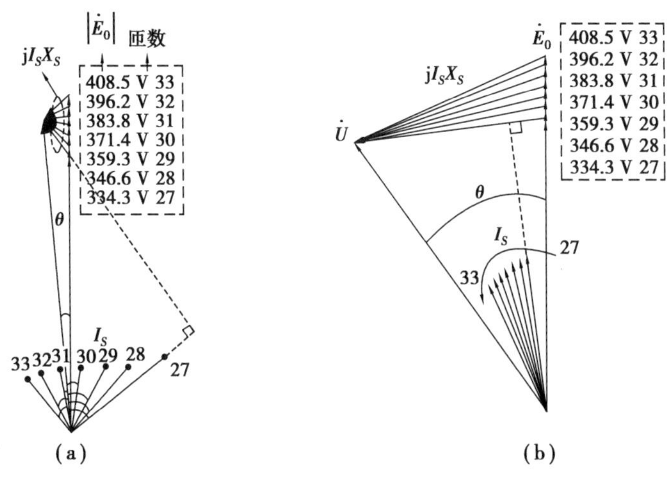

图 7.6　电机端部电压相量图

7.1.3 不同绕组匝数下电机的最大转矩计算分析

结合式(7.2)可以分析绕组匝数对电机最大转矩的影响机理。当电机稳定运行时,永磁同步电机的电磁转矩为

$$T_{em}=\frac{mpE_0U}{\omega X_d}\sin\theta+\frac{mpU^2}{2\omega}\left(\frac{1}{X_q}-\frac{1}{X_d}\right)\sin 2\theta \tag{7.2}$$

式中,m 为相数;E_0 为相空载反电动势;U 为电机端部相电压;ω 为定子磁场角速度;X_q、X_d 分别为交直轴电抗;θ 为功角。

式中第一项为永磁气隙磁场与定子电枢反应磁场相互作用的电磁转矩,称为永磁转矩。第二项为交、直轴磁路不对称而产生的磁阻转矩。一般而言,E_0 与匝数成正比例关系。电机正常工作时,忽略磁路饱和影响,电感与匝数的平方成正比例关系,所以可以近似认为 X_q、X_d 与匝数的平方成正比。设 $k=N_2/N_1$,其中 N_1、N_2 代表不同的匝数,经过推导得匝数变化时电磁转矩公式如式(7.3)所示。当匝数降低,即 N_2 小于 N_1 时,K 小于 1,则 $1/K$、$1/K^2$ 大于 1;显然,随着匝数的降低,永磁转矩和磁阻转矩的幅值都变大,进而电机的过载能力得到提升。由表 7.3 可以看出,电机每槽导体数每降低 1 匝,电机的最大负载转矩增加了 4.5% 左右。

$$T_{em}=\frac{mpE_0U}{k\omega X_d}\sin\theta+\frac{mpU^2}{k^2 2\omega}\left(\frac{1}{X_q}-\frac{1}{X_d}\right)\sin 2\theta \tag{7.3}$$

相对于感应电机,永磁电机最明显的优势之一就是功率因数高。电机绕组匝数的设计将直接影响电机运行的功率因数。根据电机的设计要求,选取功率因数 0.94 作为一个指标,定义电机功率因数大于 0.94 为良好运行范围,绕组匝数对电机电流、功率因数和最大转矩的影响如图 7.7 表示。

由图 7.7 可以看出,良好运行范围的变化主要表现在功率下限。随着匝数的增加,电机功率因数为 0.94 以上的运行范围先增大后减小。此外,由绕组匝

数变化引起的同步电抗变化明显，使电机的过载能力发生明显改变，每增加 1 匝，电机最大负载功率降低了额定功率的 10% 左右。

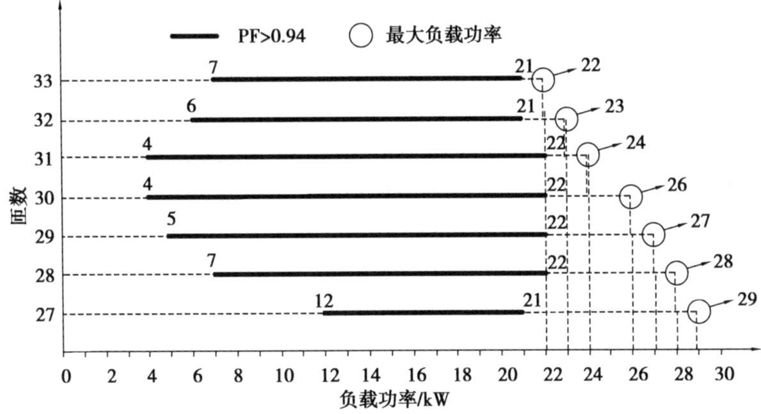

图 7.7　不同匝数下功率因数在 0.94 以上工作范围和最大负载功率

7.1.4　不同绕组匝数下铁芯损耗的计算分析

永磁同步电机在负载情况下，受电枢反应影响，电机内谐波磁场会有所改变，进而导致定子铁芯损耗变化。定子铁芯损耗计算公式为

$$P_i = K_c f^2 B_m^2 + K_h f B_m^2 + K_e (B_m f)^{3/2} \tag{7.4}$$

式中，K_h，K_c 和 K_e 分别为磁滞损耗系数、经典涡流损耗系数和附加涡流损耗系数，这三种系数可以通过硅钢片损耗曲线计算得出，B_m 为磁密幅值。在计算过程中，由于电机内谐波磁场的存在，铁芯损耗计算结果通常小于铁芯损耗的实验测试值。

由式(7.4)可以看出，定子铁芯损耗主要与铁芯中磁密幅值、磁场的变化频率有关。而磁密与电机匝数密切相关，电机绕组匝数不同时，铁芯损耗随负载变化的曲线如图 7.8 所示。电机在额定功率范围以内，随负载的增加，相同每槽导体数对应的电机铁芯损耗基本保持不变。随着每槽导体数的增加，铁芯损耗降低。这是因为，随着匝数的增加，电机内磁密降低进而导致铁芯损耗降低。

电机过载运行时，磁场的谐波含量升高，铁芯损耗表现出明显的上升趋势，并且绕组匝数越多，铁芯损耗上升的趋势越明显。

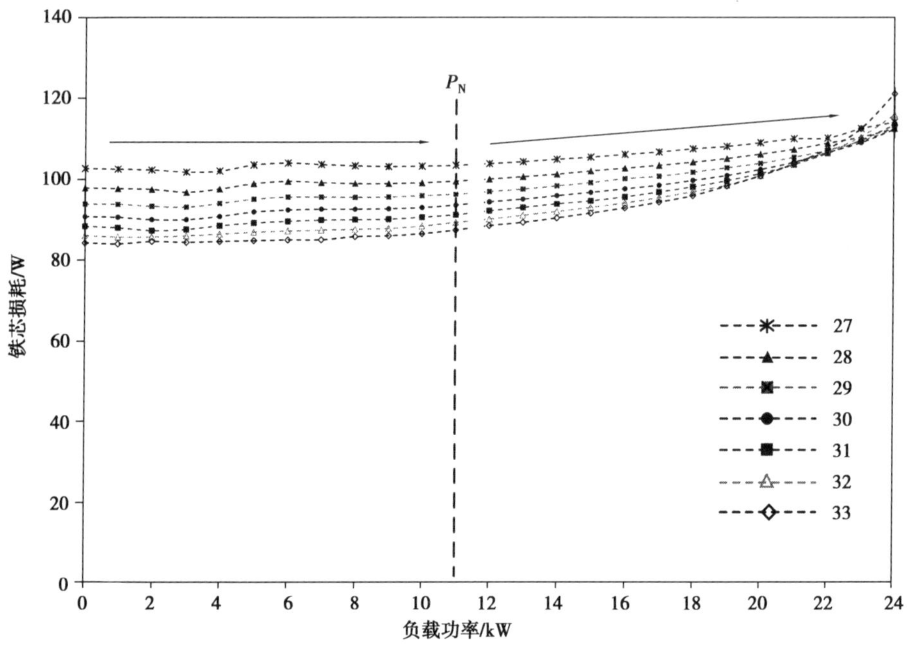

图 7.8　不同负载下铁芯损耗随匝数的变化

7.1.5　转子涡流损耗变化分析

由于定转子开槽等因素存在，自起动永磁同步电机气隙内会含有一部分谐波磁场，将在转子绕组和永磁体上感应出涡流，产生涡流损耗。涡流损耗计算公式如下：

$$P_{\mathrm{eddy}} = \frac{1}{T}\int_{T} \sum_{i=1}^{k} J_{\mathrm{e}}^{2} \boldsymbol{\Delta}_{\mathrm{e}} \sigma_{r}^{-1} l_{t} \mathrm{d}t \tag{7.5}$$

式中，σ_r 为涡流区域电导率；T 为一个电周期；J_{e} 为每个单元的涡流电密；$\boldsymbol{\Delta}_{\mathrm{e}}$ 为单元格面积；l_t 为电机转子轴向长度。

根据上述计算方法，可以对不同匝数涡流损耗随负载变化进行计算，如图

7.9 所示。

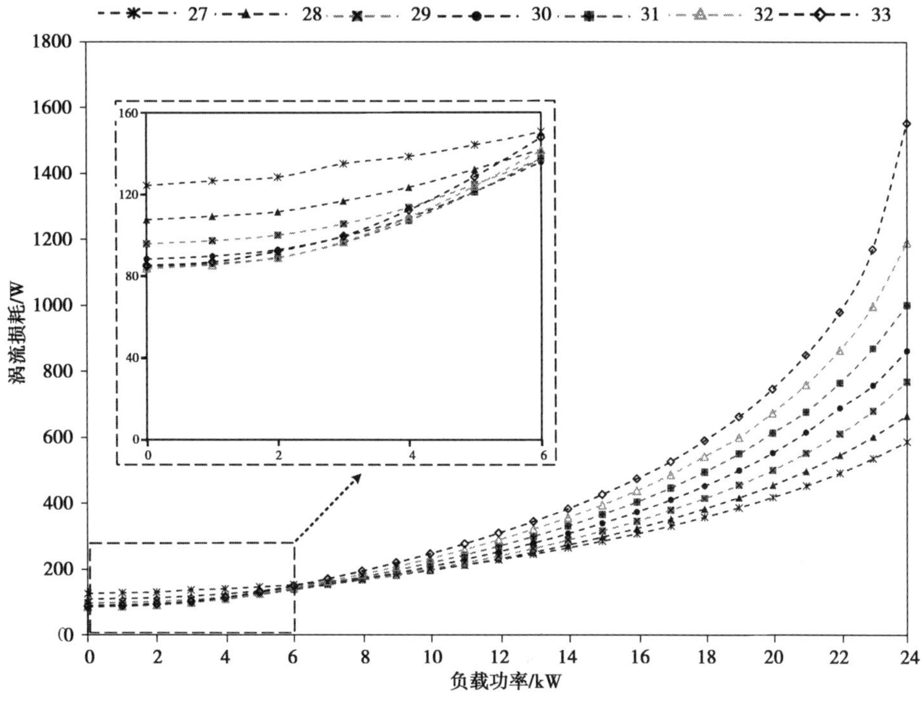

图 7.9　不同负载下涡流损耗随匝数的变化

当每槽导体数一定时,随着负载功率增加,涡流损耗非线性增加,并且随着每槽导体数增加,这种增长程度也更加明显。每槽导体数为 27 匝时,涡流损耗从空载时的 124.3 W 增加到负载功率 24 kW 时的 585.7 W;每槽导体数为 33 匝时,涡流损耗从空载时的 85.3 W 增加到负载功率为 24 kW 时的 1 549.2 W。

负载功率 0 ~10 kW 范围内,随着每槽导体数的增加,涡流损耗呈现先降低后增加的变化规律。空载运行时,涡流损耗从每槽导体数为 27 匝时的 124.3 W 减小至每槽导体数为 32 匝时的 83.8 W,之后又增长至每槽导体数为 33 匝时的 85.3 W。当负载功率大于 10 kW 时,涡流损耗随着每槽导体数的增加而增大,且负载功率越大,这种变化趋势越明显。

7.2 绕组连接方式对自起动永磁同步电机性能的影响研究

绕组连接方式的确定是电机设计过程中的一个重要环节。本书以一台 11 kW 自起动永磁同步电机为研究对象,基于二维有限元计算结果,分析了星形绕组和三角形绕组连接方式对自起动永磁同步电机性能的影响。

7.2.1 不同绕组连接方式及参数分析

电机常用的绕组连接方式有三角形连接和星形连接,这两种连接方式的差异体现在电机电枢绕组的电流回路形式上,两种连接方式的电路如图 7.10(a)和图 7.10(b)所示。其中,R_A、R_B 和 R_C 分别代表三相电枢电阻;L_{IA}、L_{IB} 和 L_{IC} 分别代表各相的端部漏感;WindingA,WindingB 和 WindingC 分别代表各相电枢绕组。为了得到绕组不同连接方式对电机性能的影响,本节中两种不同连接方式的自起动永磁电机除了绕组参数不同外,其余参数均保持一致,并且绕组参数满足下列条件:

①三角形连接的绕组匝数约为星形连接的 1.732 倍,空载反电动势 E_0 与电压 U 的比值一定。

②星形连接的绕组线径约为三角形连接的 1.732 倍,定子槽满率基本不变。

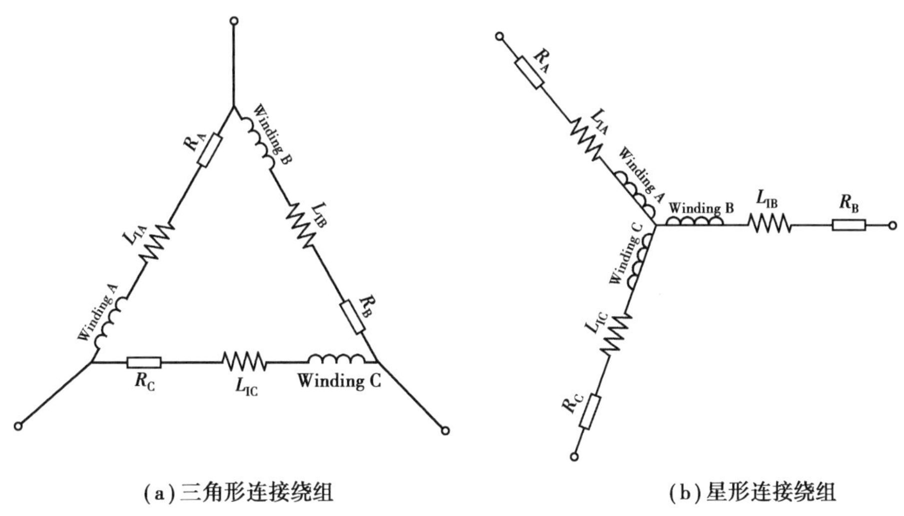

(a) 三角形连接绕组　　(b) 星形连接绕组

图 7.10　不同连接方式电路图

7.2.2　定子电流及电机各部分损耗的变化分析

在自起动永磁同步电机中，转子主要由转子铁芯、笼型绕组和永磁体三部分构成。笼型绕组的存在限制了永磁体的安装，自起动永磁同步电机转子永磁体通常采用内置式结构。由于永磁体的优化空间受限，永磁体励磁磁场正弦度相对较低，含有较高的三次谐波分量。除此之外，电枢反应的存在使得气隙磁场发生畸变，同时也会对谐波磁场产生影响。

受谐波磁场影响，绕组上会感应出三次谐波电动势，三相绕组上的谐波电动势相位和幅值都相同；当绕组为星形连接且没有中线时，在绕组中将无法产生对应的三次谐波电流。当绕组为三角形连接时，绕组环路将为该三次谐波电流提供闭合回路。

由上述分析可知，三角形连接绕组中存在三次谐波环流，且具有相同的幅值和相位。三相绕组中三次谐波电流表示为

$$i_{A3} = i_{B3} = i_{C3} = I_3 \cos(3\omega t) \tag{7.6}$$

式中，I_3 为三次谐波电流的幅值。三次谐波环流在三相电枢绕组中产生各次空间磁动势的表达式，如式(7.7)所示：

$$\begin{cases} f_{\mathrm{A}v} = F_v \cos v\theta_{\mathrm{s}} \cos(3\omega t) \\ f_{\mathrm{B}v} = F_v \cos v(\theta_{\mathrm{s}} - 120°)\cos(3\omega t) \\ f_{\mathrm{C}v} = F_v \cos v(\theta_{\mathrm{s}} - 240°)\cos(3\omega t) \end{cases} \tag{7.7}$$

式中，F_v 表示 v 次谐波磁动势幅值。A、B、C 三相合成磁动势为：

$$f_v = F_v \cos(3\omega t)[\cos v\theta_s + \cos v(\theta_s - 120°) + \cos v(\theta_s - 240°)] \tag{7.8}$$

根据谐波次数的不同，式(7.8)可以变换为式(7.9)，其中，$k=1,2,3\cdots$.

$$\begin{cases} f_v = 0 \quad v \neq 3k \\ f_v = 3F_v \cos v(\theta_s)\cos(3\omega t) \quad v = 3k \end{cases} \tag{7.9}$$

通过对三次环流合成磁动势的分析可知，三次环流只能在电机内产生 3 的倍数次脉振磁动势。

从上述分析得出，由于自起动永磁同步电机中永磁体励磁磁场正弦度不高，含有较大的三次谐波磁场，最终在三角形连接绕组中感应出三次谐波电流。谐波电流不但能产生额外的绕组铜耗，而且还能产生三次脉振谐波磁场，谐波磁场将会在笼条和永磁体产生额外的涡流损耗。

从电路角度看，当电机输出功率一定时，星形连接绕组电枢电流应该是三角形连接的 1.732 倍。由于三角形绕组的电阻是星形绕组的 3 倍，理论上两种不同连接方式的电枢绕组铜耗基本一致。然而，受谐波电流及电机内损耗的变化，两种连接方式下电枢电流大小并不完全满足这种关系，图 7.11 给出了电机绕组连接方式不同时电枢电流随负载的变化情况。

从图 7.11 中可以看出，在不同负载下两种连接方式电枢电流的比值不同。随着负载率的增加，星形连接电流/三角形连接电流从最初的 1.52 倍逐渐增加。当负载率超过 75% 时，该比值达到了 1.72 倍左右。总体来看，两种连接方式下电流比值呈现出非线性上升趋势。为了确定电流非线性变化的原因，进一步对电机绕组的谐波电流进行分析，本节重点对三次谐波电流进行讨论。

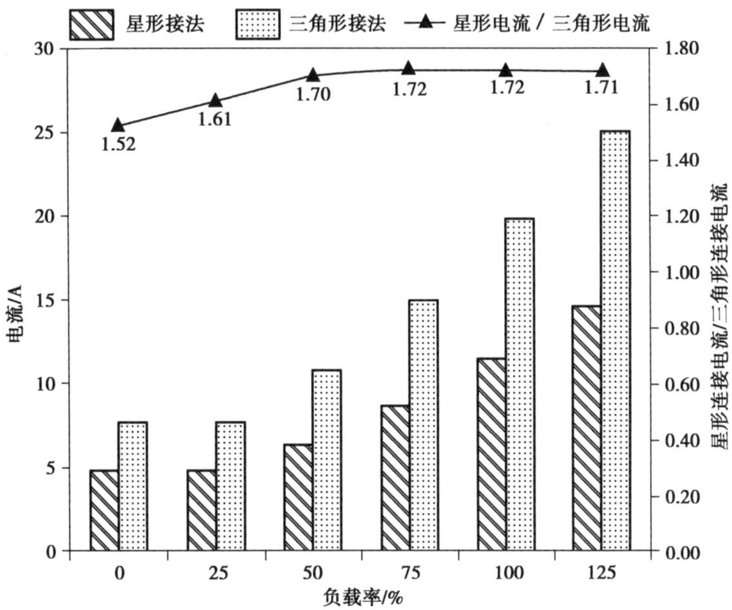

图 7.11　电机绕组连接方式不同时电枢电流随负载的变化情况

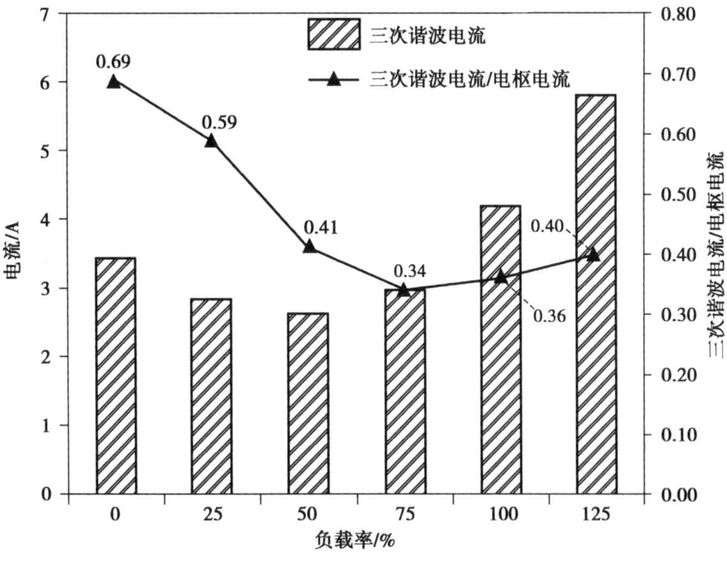

图 7.12　不同负载下三次谐波环流含量

图7.12为不同负载下，绕组三角形连接时三次谐波环流分量的大小及其与电枢电流的比值。随着负载率的增加，谐波电流的比例逐渐降低。对比图7.11和图7.12可以看出，造成两种连接方式下电流比值变化的主要原因是三次谐波电流的含量变化。三次谐波电流含量越高，星形连接与三角形连接电枢电流比值越低。

电流变化将直接影响电机电枢绕组铜耗。表7.4为不同负载下，不同连接方式电枢绕组损耗的变化情况。从表中可以看出，当电机负载率较低时，即电机处于轻载运行时，三角形绕组连接方式下的铜耗稍大于星形绕组连接方式。随着电机负载率的升高，两种绕组连接方式下的铜耗基本一致。

表7.4　不同连接方式绕组铜耗

负载率	铜耗/W	
	三角形连接	星形连接
0	19.5	15.5
0.25	18.3	16.2
0.5	31.5	31.2
0.75	59	60
1	103.5	105.1
1.25	167.5	169.1

与感应电机相比，自起动永磁同步电机稳定运行时，转子为同步转速，电机主磁场和转子间无相对运动，无法产生感应涡流，因此不会产生涡流损耗。但是，由于谐波磁场的存在，会在转子上产生一定的涡流损耗。

自起动永磁同步电机涡流损耗主要分布在转子笼条和永磁体等大块导体上。不同绕组连接方式下，自起动永磁同步电机在空载以及额定状态下转子上涡流电密分布如图7.13所示。

从图 7.13 中可以看出,电机空载运行时,三角形连接转子笼条上涡流电密最大值为 $1.1\times10^{8}\,\mathrm{A/m^2}$,永磁体上涡流电密最大值为 $8.8\times10^{3}\,\mathrm{A/m^2}$,分别是星形连接的 1.93 倍和 1.44 倍。电机额定负载运行状态下,三角形连接转子笼条上涡流电密最大值为 $1.2\times10^{8}\,\mathrm{A/m^2}$,永磁体上涡流电密最大值为 $2.5\times10^{4}\,\mathrm{A/m^2}$,分别是星形连接的 1.88 倍和 1.04 倍。

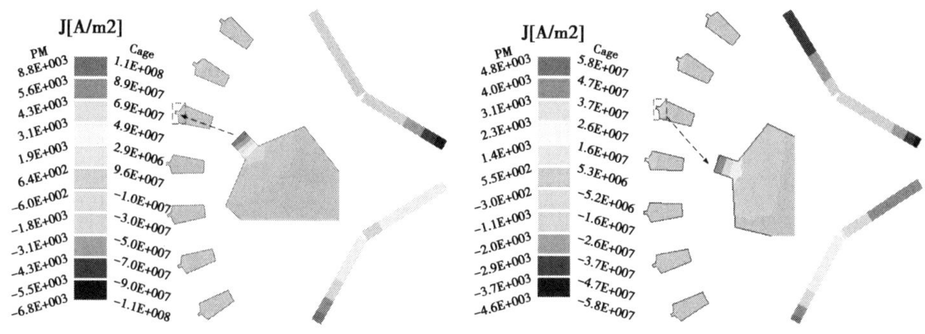

(a)空载时三角形(左)和星形(右)连接转子涡流电密

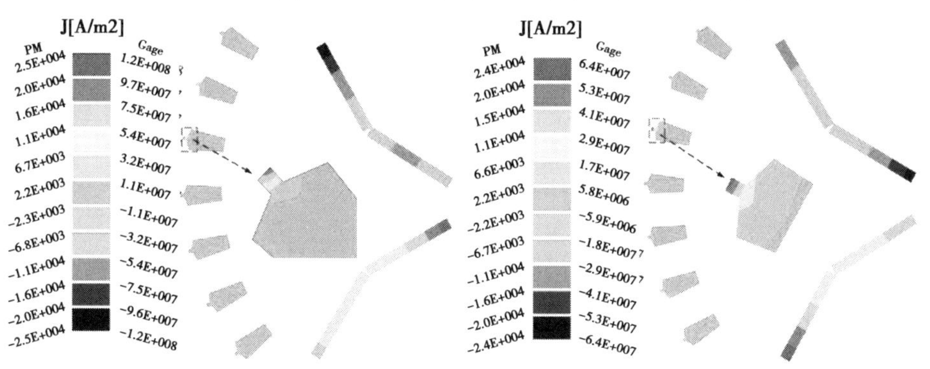

(b)额定负载时三角形(左)和星形(右)连接转子涡流电密

图 7.13　不同连接方式空载、额定负载状态下,转子涡流电密分布

通过涡流损耗计算公式(7.5)可以得出不同连接方式、不同负载下涡流损耗的变化,如图 7.14 所示。电机在轻载运行时(负载率小于 25%),无论哪一种绕组连接方式,其涡流损耗基本不变。但是,随着负载率的升高,涡流损耗均急剧增大。另一方面,负载率从 0% 变化至 125% 的整个区间内,电机三角形连接方式下的涡流损耗均明显大于星形连接方式下的涡流损耗,两者损耗相差 10 ~ 14W。

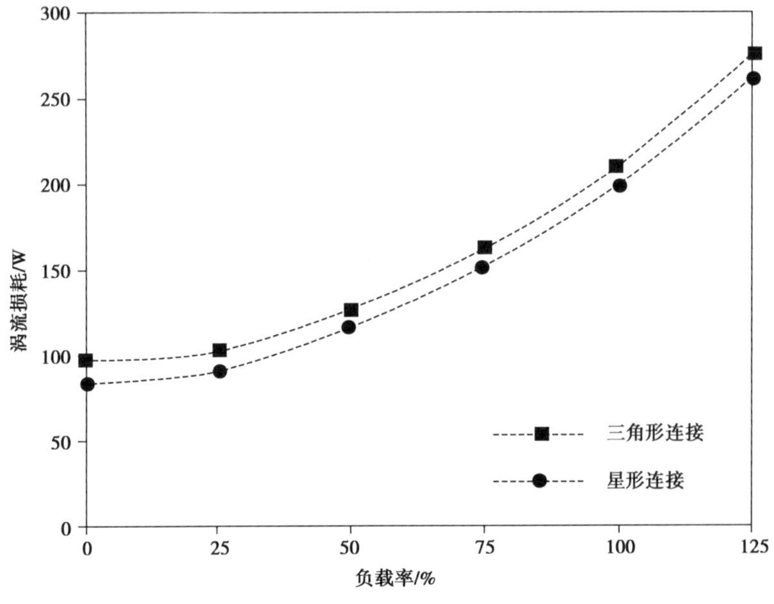

图 7.14　不同连接方式、不同负载下涡流损耗

7.3　电压不平衡对自起动永磁同步电机性能的影响研究

风电、光伏发电等可再生能源发电的快速发展以及电力电子器件的大规模使用产生了一系列电能质量问题，其中，三相电压不平衡是常见电能质量问题之一。然而，自起动永磁同步电机直接由电网电压驱动，容易受到电能质量问题的影响。因此，关于三相电压不平衡对自起动永磁同步电机性能影响的研究非常重要。

7.3.1　电网三相电压不平衡情况分析

衡量电压不平衡程度的标准有三种，分别是 IEEE、NEMA 和 IEC 标准。无论电压不平衡的标准定义如何,对于任何给定的电压不平衡率,都有多种终端电压组合。一般可分为八种基本情况:单相欠电压、两相欠电压、三相欠电压;单相过电压、两相过电压、三相过电压;单相、两相相角位移。在三相电力系统中,电压不平衡与引入的不对称负荷有关,由于大型感应加热及驱动设备等单相负荷的存在,电压不平衡一般表现为单相电压降低。因此,对单相欠压引起的电压不平衡展开研究。根据 IEEE 标准,电压不平衡率由相电压不平衡率(PVUR)表示为

$$\text{PVUR}(\%)=\frac{\text{Max}[\,|V_a-V_{avg}|,|V_b-V_{avg}|,|V_c-V_{avg}|\,]}{V_{avg}} \tag{7.10}$$

式中,V_a,V_b 和 V_c 分别表示 A,B 和 C 三相的相电压,V_{avg} 表示三相平均电压。

为了分析电压不平衡对电机性能的影响,本书以一台 11 kW 自起动永磁电机为研究对象,建立了场路耦合有限元模型,如图 7.15 所示。

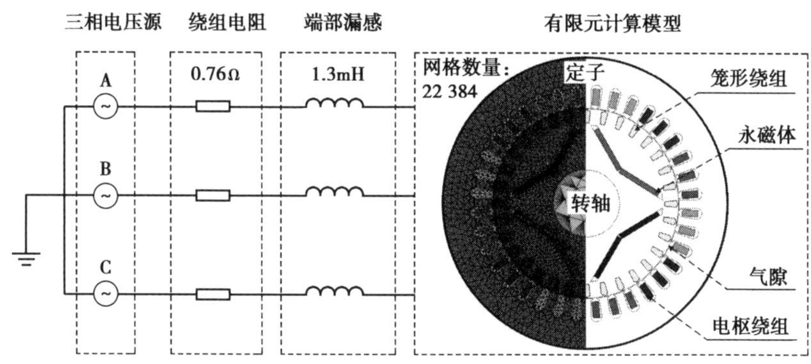

图 7.15　场路耦合有限元模型

基于场路耦合有限元计算,得到电压不平衡率从 0% 增加到 10% 时正序电压分量和负序电压分量的变化,如图 7.16 所示。从图中可以看出,正序电压减小了 14.77 V,负序电压增加 14.77 V,正序电压的减小量与负序电压的增加量保持一致。

当三相电压不平衡时,三相电流也会出现一定程度的不平衡。根据对称分量法,三相不平衡电流可由正序电流分量、负序电流分量和零序电流分量叠加。

本章所研究电机的定子绕组为三角形连接,虽然零序电流可以在三角形内部流动,但无法流到外电路,故零序电流会以环流的形式在定子绕组中流通。此时,不平衡的定子电流可以表示为

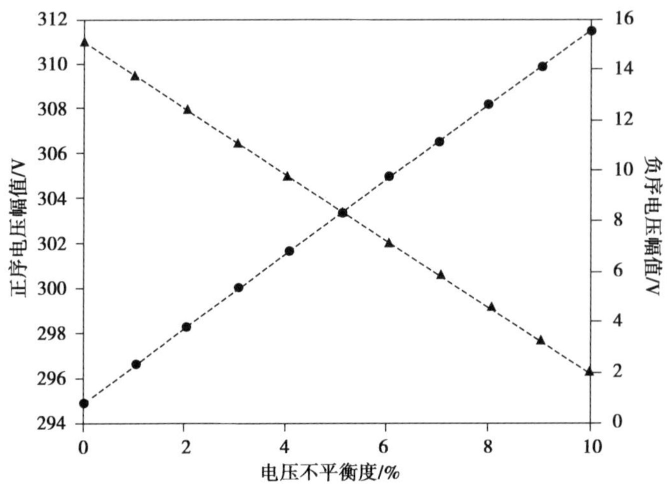

图 7.16 不同电压不平衡率下正序和负序电压变化情况

$$\begin{cases} \dot{I}_A = \dot{I}_p + \dot{I}_n + \dot{I}_{A0} \\ \dot{I}_B = a^2 \dot{I}_p + a \dot{I}_n + \dot{I}_{B0} \\ \dot{I}_C = a \dot{I}_p + a^2 \dot{I}_n + \dot{I}_{C0} \end{cases} \tag{7.11}$$

式中,$\dot{I}_{A0}$、$\dot{I}_{B0}$、$\dot{I}_{C0}$ 满足 $\dot{I}_{A0} = \dot{I}_{B0} = \dot{I}_{C0} = \dot{I}_0$ 的关系,其中 $a = 1\angle 120°$ 为单位相量算子,$\dot{I}_p$ 为正序电流分量,$\dot{I}_n$ 为负序电流分量,$\dot{I}_{A0}$ 为 A 相零序电流分量,$\dot{I}_{B0}$ 为 B 相零序电流分量,$\dot{I}_{C0}$ 为 C 相零序电流分量,$\dot{I}_0$ 为零序电流分量。

由 IEC 标准,电流不平衡率(CUF)可表示为

$$\text{CUF} = |\dot{I}_n / \dot{I}_p| \times 100\% \tag{7.12}$$

根据有限元计算结果,利用对称分量法得到正序、负序电流分量及电流不平衡率在不同电压不平衡率下的变化规律,如图 7.17 所示。

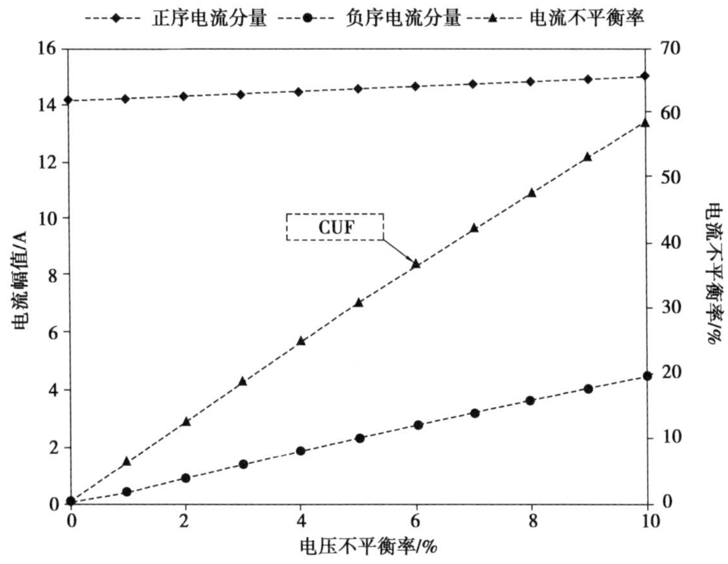

图7.17　不同电压不平衡率下正序、负序电流大小及电流不平衡率

为了保证负载功率恒定,随着电压不平衡率的升高,正序电流逐渐增大,但变化程度相对较小。如图7.16和图7.17所示,PVUR从0%增加到10%时,正序电流仅仅增加0.85 A,变化了6%;负序电流增加8.75 A,电流不平衡率从0.3%增加到58.6%。此外,当正序电压发生变化时,正序电流、正序电压与空载反电动势之间的相位关系也发生变化,导致正序电流的增加量小于正序电压的减小量。

从图7.17中还可以看出,正序电压的减小量与负序电压的增加量相等,而正序电流的减小量与负序电流的增加量不相等,造成这种现象的直接原因是正序阻抗与负序阻抗不相等。其中,正序阻抗为三相正序电流流过对称三相定子绕组所感应的电动势除以正序电流得到的比值;当通入的电流为负序电流时,所对应的阻抗为负序阻抗。在电机正常运行过程中,正序电流旋转磁动势与转子相对静止,不会在转子笼条中产生感应电动势。负序电流产生的旋转磁动势的转速虽然也是同步转速,但是旋转方向与正序电流产生的旋转磁动势相反,与转子之间的相对运动速度是同步转速的两倍,因此,在转子绕组中要产生感应电动势。由于转子绕组是闭合回路,所以在转子绕组中会因感应电动势而产生电流,这些电流会产生磁动势,将会对定子负序电流产生的磁动势产生影响,因此正序阻抗与负序阻抗不相等。

电流不平衡程度的急剧增加,一方面会直接影响电机的损耗;另一方面也会对电机的转矩波动产生影响。因此,有必要对电机各部分损耗及转矩进行深入分析。

7.3.2 电压不平衡对电机各部分损耗的影响分析

自起动永磁同步电机损耗主要由铜耗、定子铁芯损耗和转子涡流损耗组成。损耗的大小直接决定了电动机的运行效率和稳定性。因此,研究电压不平衡率对自起动永磁同步电动机损耗影响具有重要意义。

由于定子铜耗与定子电流密切相关,三相电流不平衡将会导致三相铜耗不平衡。在额定负载下,定子铜耗以及三相电流随电压不平衡率的变化关系如图7.18 所示。

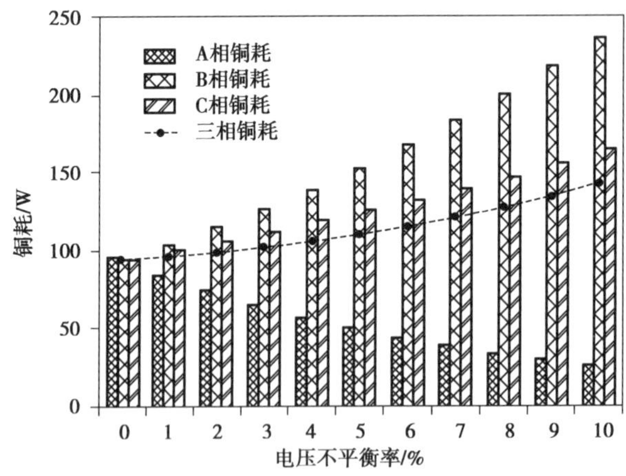

图 7.18 不同电压不平衡率下定子铜耗的变化

由图 7.18 可以看出,随着 PVUR 的增加,定子铜耗增加。当 PVUR 值为

10%时,定子铜耗比正常情况下增加50.84%。此外,定子铜耗在三相绕组中的分布也不平衡,随着电压不平衡率的增加,B相铜耗明显高于其他两相。当电压不平衡率为10%时,B相铜耗是236.02 W,是对称情况下的2.52倍;A相和C相的损耗变化也比较明显,分别降低72.1%和增加74.8%。由于B相损耗的急剧增加,其发热更加明显,容易造成绕组绝缘失效。

定子铁芯损耗与磁场参数密切相关。电流变化时,会在一定程度上影响电机内的磁场分布。自起动永磁同步电机内存在电枢磁场和永磁体磁场,由于永磁体产生的磁场远大于电枢绕组产生的励磁磁场,因此电流变化对电机磁场产生的影响较小。如图7.19所示,在只有永磁体磁场的情况下,定子铁芯损耗计算结果仅为89.01 W。受电枢反应影响,负载时定子铁芯损耗为93.5 W。随着PVUR的增大,永磁同步电机定子铁芯损耗的变化很小,当PVUR值为10%时,定子铁芯损耗变化为91.2 W,相对于额定状态仅变化了2.5%。从整体上看,定子铁芯损耗随着电压不平衡率的变化影响较小。

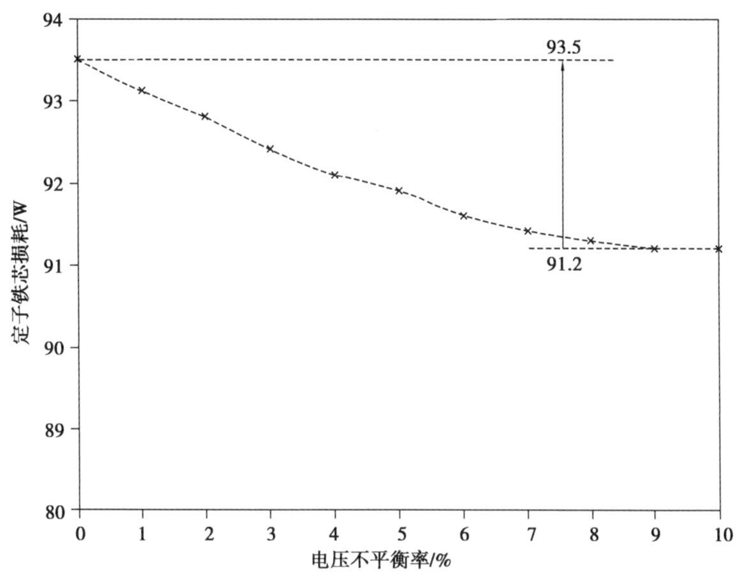

图7.19　不同电压不平衡率下的定子铁芯损耗

受到电机绕组分布和定转子开槽的影响,电枢电流将会在电机气隙内产生谐波磁场。这些谐波磁场与转子非同步旋转,将会在转子笼条上感应出涡流,进而产生涡流损耗。图 7.20 给出了额定负载运行状态下转子的涡流损耗随电压不平衡率的变化规律。

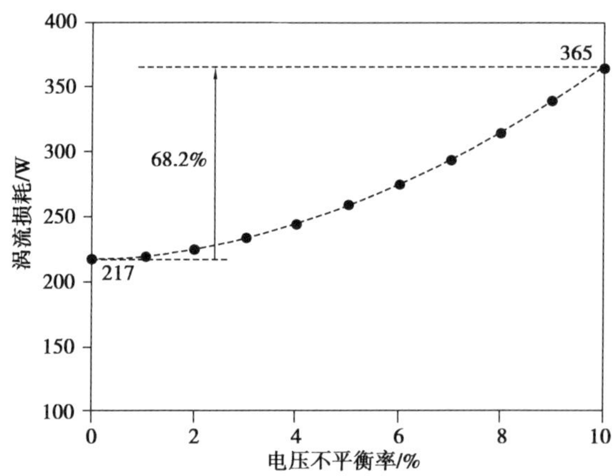

图 7.20　不同电压不平衡率下电机涡流损耗变化

在电压不平衡的情况下,电枢电流包括正序电流分量、负序电流分量和零序电流分量。由于三相的零序电流大小、相位均保持一致,电机内无零序磁通分量,因此只有正序电流分量和负序电流分量会在气隙中产生谐波磁场,造成转子涡流损耗。从图 7.20 可以看出,随着 PVUR 的升高,转子涡流损耗呈现非线性增大的趋势。

随着 PVUR 的增加,从图 7.17 可以看出,正序电流的变化很小而负序电流的变化很大。因此,在电压不平衡的情况下,由正序电流引起的转子涡流损耗的变化可以忽略不计,主要由反向旋转磁场的负序电流引起。电压不平衡率为 10% 时,转子涡流损耗 365 W,相对于电机对称运行状态下的涡流损耗 217 W,增加了 68.2%。

7.3.3　电压不平衡对电机转矩的影响分析

具有相同极对数的定子磁动势与转子磁动势之间相互作用会产生电磁转

矩。电机正常运行时,转矩由定转子基波磁场相互作用产生,为恒定转矩。当三相电压不平衡时,引起三相电流不平衡,使定子磁动势发生变化,电机内的磁场也将发生明显变化,电磁转矩也将随之改变。电机额定负载运行时,在一个电周期内,电磁转矩波形随电压不平衡率的变化如图7.21所示。

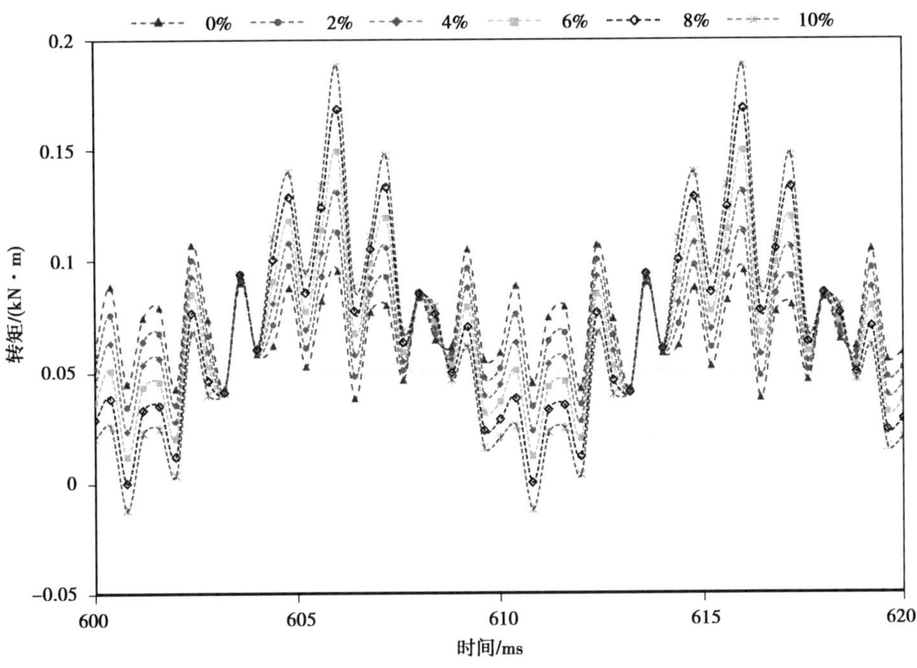

图7.21　电磁转矩波形随电压不平衡率的变化

由图7.21可以看出,随着PVUR的增加,电机的转矩波动程度越来越严重。当电压不平衡度为10%时,转矩在-12 N·m~188 N·m范围内波动,是电压不平衡度为0%时转矩波动范围的2.89倍。本书使用转矩波动系数k表征转矩波动的程度,可以表示为

$$k=\frac{T_{\max}-T_{\min}}{T_{\max}+T_{\min}} \tag{7.13}$$

根据有限元计算结果,结合式(7.13),得到转矩波动系数随电压不平衡程度的变化规律,如图7.22所示。

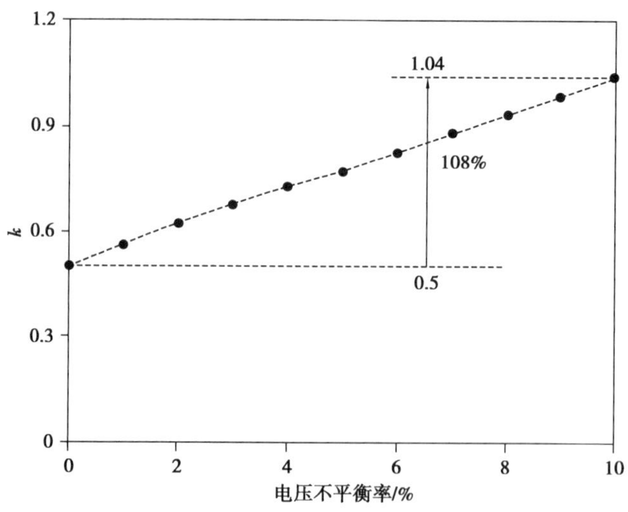

图 7.22　转矩波动系数随电压平衡率的变化

由图 7.22 可以看出，随着 PVUR 的增加，转矩波动系数急剧升高。在正常情况下，转矩波动系数为 0.5；在电压不平衡率为 10% 时，转矩波动系数为 1.04，波动系数增长超过了 1 倍。

第8章 轴径向磁通混合励磁电机性能分析与优化

8.1 混合励磁电机概述

8.1.1 混合励磁电机研究与开发的意义

传统永磁电机以其结构简单、体积小、高效率、高功率密度等优势，在航空航天、军事国防、装备制造、轨道交通、新能源等领域中被广泛应用。但是，永磁电机的永磁体磁势固定，导致永磁电机难以进行磁场调节，限制了电机电动运行的调速范围、发电运行的调压和故障保护能力，在很大程度上限制了永磁电机的使用范围。

混合励磁电机的出现是为了解决永磁电机磁场难以调节以及电励磁电机

效率偏低的问题,从励磁源头进行设计,综合两类电机的优势,弥补各自的不足,如图 8.1 所示。混合励磁电机在保持永磁电机高效率、高功率密度的基础上,优化电机拓扑结构,采用两种励磁源(永磁体励磁源和电励磁源),共同产生电机的气隙主磁场;通过调节电励磁磁势源达到调节电机主气隙磁场的目的,改善电机调压或调速范围。因此,混合励磁电机在航空电源系统、风力发电系统以及电动车动力系统中有着极其重要的应用价值和广阔前景。

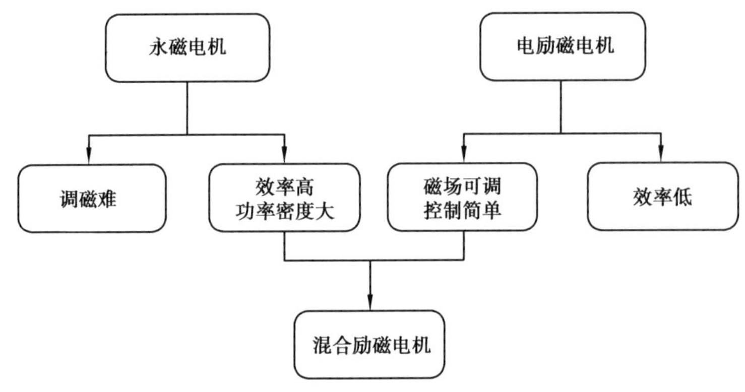

图 8.1 混合励磁电机

随着现代航空航天电源系统技术的不断发展,用于航空航天电源系统的传统三级式同步电机由于结构复杂、可靠性差、动态性能不好、可逆运行的技术方案复杂等缺点,已逐步被淘汰。结构比较简单的开关磁阻电机虽具有较强的容错能力、结构简单、适用于高速运行,但其转矩脉动大,导致其运行噪声较大,运行时还需要位置传感器、功率变换器等设备器件共同参与工作。采用异步电机构成的起动发电系统虽具备较好的系统稳态和动态性能,但其控制系统复杂、效率相对较低。然而,混合励磁电机具有良好的磁场调节能力,较好地解决了电机灭磁和故障保护等问题,而且具有一定的自起动能力,使其在航空主电源系统中具有重要的应用价值。

采用清洁能源——风力进行发电供能是解决能源短缺和环境污染的有效途径。目前风力发电系统中的双馈绕线式异步发电机,由于存在电刷和换向片等装置,运行可靠性及效率相对较低;永磁同步风力发电机虽然效率高,且不需换向装置,但因灭磁困难、难以调压,受到了一定的限制。混合励磁发电机在一定程度上解决了永磁电机电压调节和故障保护的问题,并且降低了控制系统复杂性。因此,混合励磁同步发电机在风力发电领域具有良好的发展前景。

随着不可再生能源(石油)的消耗,高效、清洁、噪音低的电动汽车越来越受到人们的青睐。近些年,国内外研究人员针对各类车用电机在本体设计、驱动控制等方面做了大量的深入研究;开关磁阻电机比较适用于高速运行,但其噪声大,转矩波动大,因此应用范围受到了一定的限制。永磁电机因高效和高功率密度等优点,是目前电动汽车选用最多的一种电机,但是永磁电机难以进行磁场调节,从而限制了电动汽车的调速范围,而混合励磁电机可以从电机本体上解决永磁电机难以调磁的问题。

8.1.2　混合励磁电机结构

混合励磁电机在结构上实现了气隙磁场的直接调节与控制,突破了传统永磁电机通过电枢电流矢量控制实现弱磁或增磁的局限,结构上有多种实现方式。此外,由于混合励磁电机中有两个励磁源,两个励磁源的相互配合方式形成了混合励磁电机的多种结构形式,所对应的工作原理多种多样,因此混合励磁电机的命名与分类方式也是多种多样。根据励磁磁势与电枢磁势的作用机制,混合励磁电机可以分为混合励磁同步电机和混合励磁磁场调制电机;按照转子的运动方式,可以分为旋转式混合励磁电机和直线式混合励磁电机;按照电机中励磁源位置,可分为表 8.1 所述的 6 种类型。

表 8.1　混合励磁电机中永磁体励磁源和电励磁源的组合类型

类型	组合方式
Ⅰ	转子永磁体励磁源+转子电励磁源
Ⅱ	转子永磁体励磁源+定子电励磁源
Ⅲ	转子永磁体励磁源+磁阻电机无独立励磁绕组

续表

类型	组合方式
Ⅳ	定子永磁体励磁源+转子电励磁源
Ⅴ	定子永磁体励磁源+定子电励磁源
Ⅵ	定子永磁体励磁源+磁阻电机无独立励磁绕组

在混合励磁电机设计中,通常把电励磁源位置与永磁体励磁源位置的对应关系以及相互配合作用的磁路作为主要考虑因素。根据永磁体磁势和电励磁磁势在空间上所形成的对应关系,还可以将混合励磁电机分为以下两种类型:

(1)串联式混合励磁电机

串联式混合励磁电机的电励磁磁势和永磁体磁势在磁路上成串联关系,共同形成主磁通,如图 8.2 所示。电机采用永磁体表贴式,励磁绕组位于永磁体下方,电励磁磁势与永磁体磁势在磁路上成串联关系。因为永磁体磁阻的存在,为了调节电机主磁场,励磁绕组则需要非常大的励磁电流,不仅增加了励磁绕组损耗,而且容易造成永磁体不可逆退磁,因此串联式混合励磁电机的研究进展和应用受到限制。

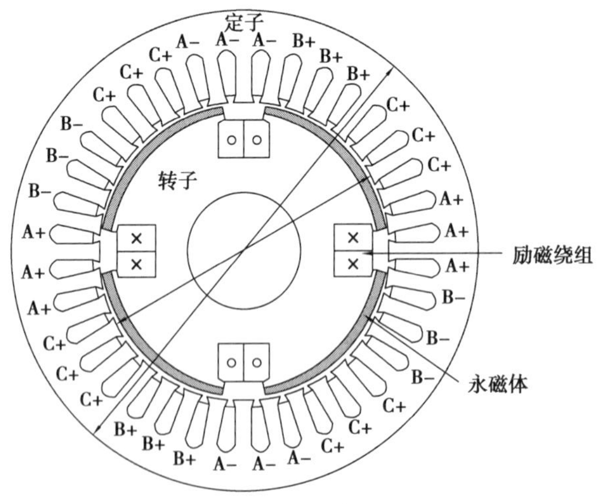

图 8.2　串联式混合励磁电机

(2)并联式混合励磁电机

并联式混合励磁电机中电励磁磁势与永磁体磁势在磁路上成并联关系,共同形成主磁通,如图 8.3 所示。永磁体与励磁绕组间隔放置,永磁体磁势与电励磁磁势在磁路上成并联关系,电励磁磁势产生的磁通不经过永磁体。并联式混合励磁电机减小了永磁体退磁风险,同时提升了电机的磁通调节能力。

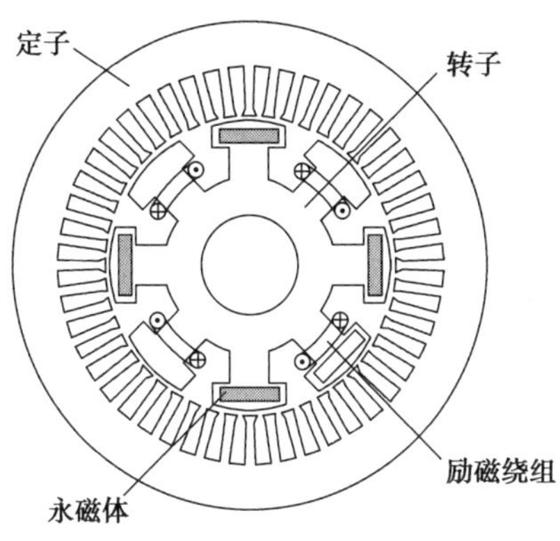

图 8.3　并联式混合励磁电机

8.1.3　混合励磁电机研究现状

“混合励磁”这一概念最早由美国人提出,并给出了混合励磁电机的拓扑结构。此后,国内外学者对电机本体结构以及控制系统进行深入研究,成为电机领域的热点研究方向之一。按照励磁源安装位置的不同,混合励磁主要分为以下三种情况:

(1)永磁体与励磁绕组均位于转子

美国 X. Luo 提出了一种同步/永磁混合电机,通过改变励磁绕组电流方向可以实现磁极 2 极和 6 极的切换,而且能够实现磁场的调节,如图 8.4(a)所示。韩国汉阳大学 Muhammad Ayub 等人利用谐波绕组和整流装置实现了电机的无刷化,如图 8.4(b)所示,整流装置将谐波绕组产生的交流电转换成直流电建立磁场。上海大学张琪等人提出一种独立磁路混合励磁电机,如图 8.4(c)所示,永磁磁极与电励磁磁极之间有隔磁槽，确保磁路相对独立，避免了电励磁磁势对永磁体产生退磁的危害，实现可靠性的大幅提高。

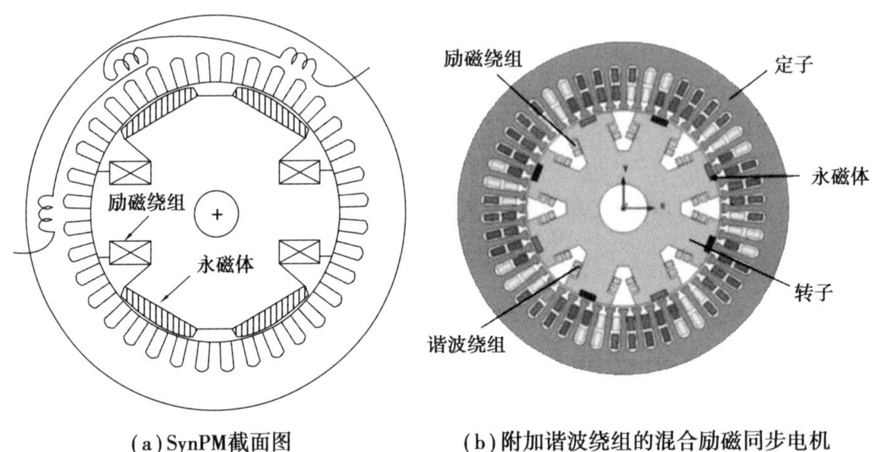

(a) SynPM截面图　　(b) 附加谐波绕组的混合励磁同步电机

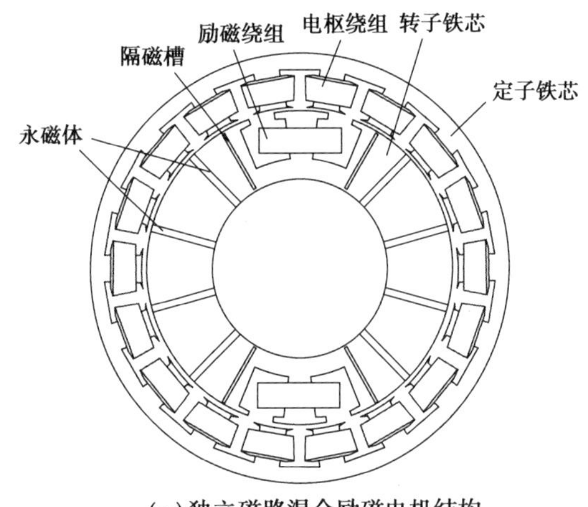

(c) 独立磁路混合励磁电机结构

图 8.4　永磁体、励磁绕组均位于转子的混合励磁电机

(2) 永磁体位于转子、励磁绕组位于定子

此类电机的电励磁源位于定子，或者位于端盖、机壳等部件构成的励磁机构上，图 8.5(a) 是智利的康塞普西翁大学 Tapia 提出的径向磁场转子磁极分割型混合励磁电机，永磁体采用交替磁极排列，励磁绕组位于定子内部，可以实现双向调磁。与之对应的是威斯康星大学 Lipo 教授提出的轴向磁场转子磁极分

割型混合励磁电机，如图 8.5(b)所示，该电机具有轴向长度短、调磁效率高的优点。美国橡树岭国家实验室(ORNL)提出了一种混合励磁电机拓扑结构(RIPM-BFE)，为了调节电机磁场强度，在转子两侧增加励磁绕组及相对应的导磁桥，如图 8.6 所示。实验结果表明，RIPM-BFE 电机可以实现通过弱磁降低高速运行下的电机损耗。

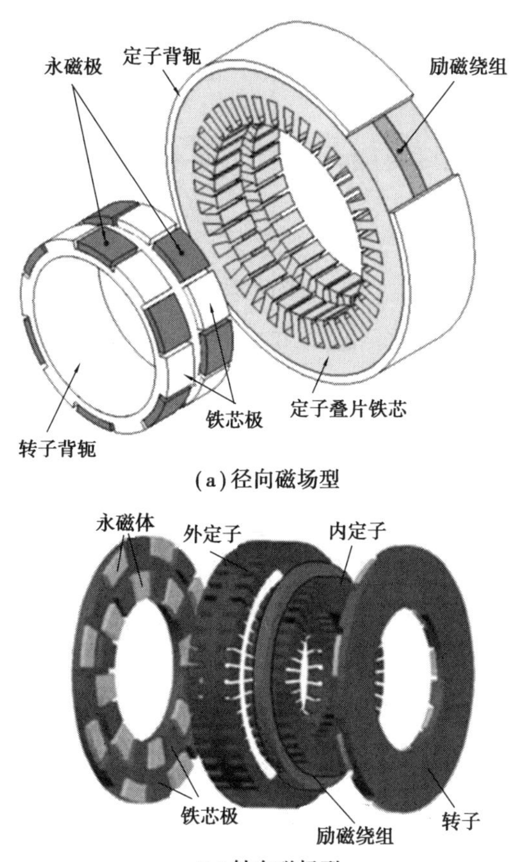

(a)径向磁场型

(b)轴向磁场型

图 8.5　转子磁极分割型混合励磁电机

南京航空航天大学的张卓然教授及其团队提出了转子磁分路概念，将转子 N 极导磁体呈喇叭状延伸，形成较大的环状导磁体，将 S 极导磁体呈瓶状收缩，形成较小的环状导磁体，利用导磁体实现永磁体磁势“分流”，用于调节磁场强度的励磁绕组和环形导磁桥位于电机环状导磁体之间，共同构成了电机的轴向磁路,与电机永磁体产生的径向磁路并联耦合,如图 8.7 所示。该电机在实现更高调磁范围的同时,也能够增加气隙磁密,有效提升电机的转矩密度,而且不需要电刷等结构,提升了电机的可靠性。

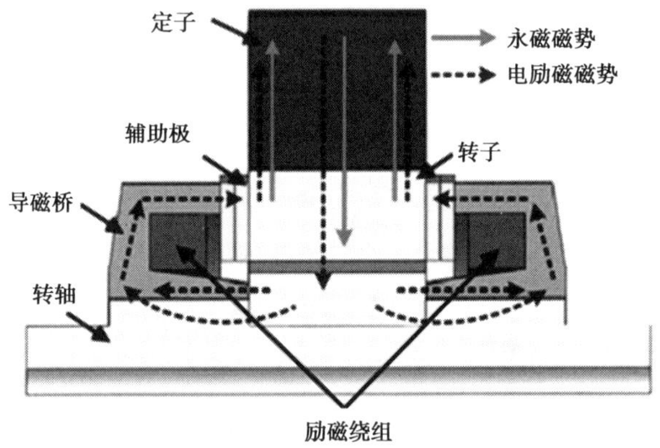

图 8.6　RIPM-BFE 混合励磁电机

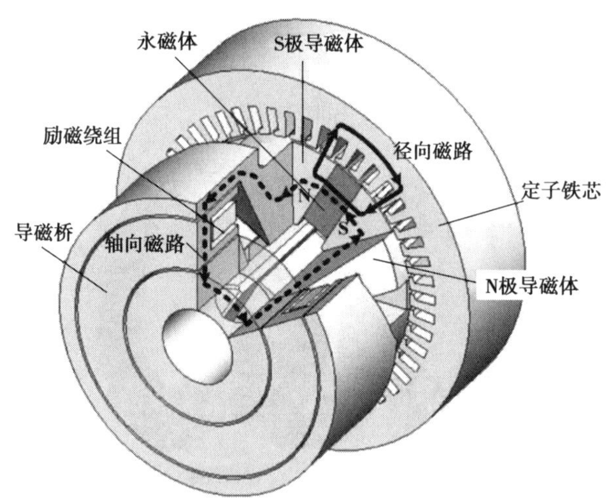

图 8.7　转子磁分路混合励磁电机

(3)永磁体、励磁绕组均位于定子上

该结构形式的转子上无励磁源,结构相对较为简单。韩国基础科学研究所 Kim, Jong Myung 等人研究了一种新的外转子混合励磁磁通开关电机,具体结构如图 8.8 所示。该电机定子包含高温超导线圈、永磁体和电枢绕组,外转子仅由铁芯组成,尤其适合于电力推进和风力发电系统。英国谢菲尔德大学诸自强教授在经典永磁磁通切换电机的基础上提出了“E”型混合励磁磁通切换电机,在“E”型定子冲片的中间齿上绕制励磁绕组,以提高电机的磁通调节能力,如图 8.9(a)所示。东南大学程明等人提出的磁桥式混合励磁双凸极电机,如图 8.9(b)所示,通过在定子上引入导磁桥提高磁通调节能力,并且易于加工。

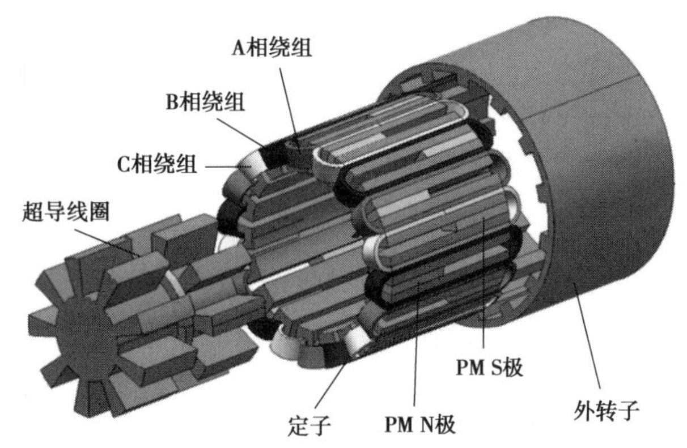

图 8.8　外转子混合励磁磁通开关电机

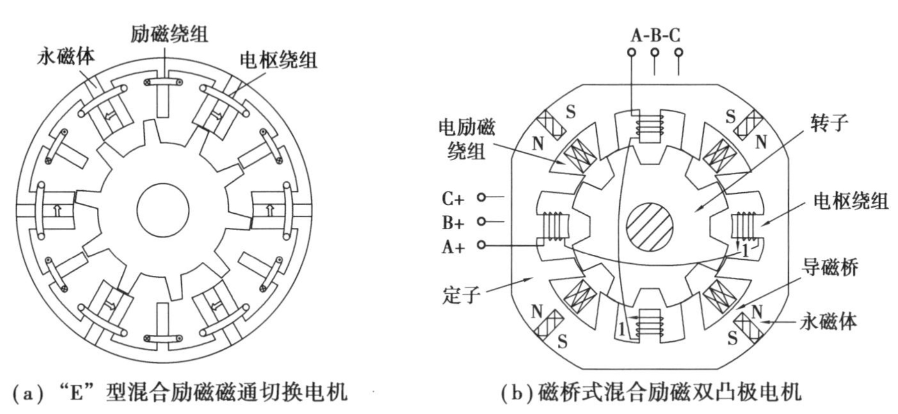

图 8.9　永磁体、励磁绕组均位于定子上的混合励磁电机

目前,混合励磁电机的拓扑结构、电机特性及优化、电枢绕组与励磁绕组电流的协同控制、效率最优控制仍是目前国内外学者重点关注的热点。

8.1.4　混合励磁电机的特点及发展前景

基于混合励磁电机结构的特殊性，目前国内外专家学者对其拓扑结构、特性、控制等方面进行了大量的研究。各类混合励磁电机特点如下：

①混合励磁电机采用电励磁磁势和永磁磁势共同产生主气隙磁通，因此结合了永磁电机高转矩、高效率以及电励磁电机控制简单高效的优点。

②混合励磁电机引入辅助电励磁调节主磁场，从而进一步拓宽电机调压、调速范围。

③混合励磁电机增加的辅助电励磁是一个可控变量，可以实现对电枢电流、励磁电流分别控制或协同控制。

电励磁电机技术已经非常成熟，永磁电机逐步进入人们日常生活中，两类电机结合，形成的混合励磁电机有重要的应用价值和广阔前景，尤其在风力发电系统、电动汽车驱动系统以及航空电源系统等方面。

风力发电系统：风力资源丰富且分布广泛，风电清洁可再生，是发展新能源产业的重要任务之一。混合励磁发电系统与双馈异步风力发电系统、电励磁同步发电机系统相比，省去了故障率极高的齿轮箱，并且混合励磁发电机与永磁风力发电机相比，可以实现磁场的平滑可调，因此，混合励磁发电机在该领域具有很大的应用前景。

电动汽车驱动系统：电动汽车作为一款使用清洁能源的交通工具，全世界都在积极推广其应用，其中高可靠性、高功率密度、低速大扭矩及宽调速的电机驱动系统已经成为电动汽车发展的关键环节。混合励磁电机与传统的电励磁电机、永磁电机相比，综合了电励磁电机调磁方便、永磁电机高转矩、高效率等优点，避免了永磁电机复杂的控制系统，从电机本体上实现高速弱磁的能力，所以混合励磁电机非常适用于宽调速的电动汽车驱动领域。

航空电源系统：航空电源系统对电源品质要求高，为满足日益增长的负载用电需求及越来越严格的电能质量标准。由于辅助励磁的引入,混合励磁电机解决了电机灭磁和故障保护的问题,从而可以广泛应用于飞机的起动发电系统中。

8.2　轴径向磁通混合励磁电机电磁场分析

8.2.1　轴径向磁通混合励磁电机结构

轴径向磁通混合励磁电机是一种新型结构的混合励磁电机,电机转子采用混合式磁极结构,如图 8.10 所示,转子部分同时具有切向永磁体和径向永磁体,切向永磁体与径向永磁体充磁方向相互垂直。

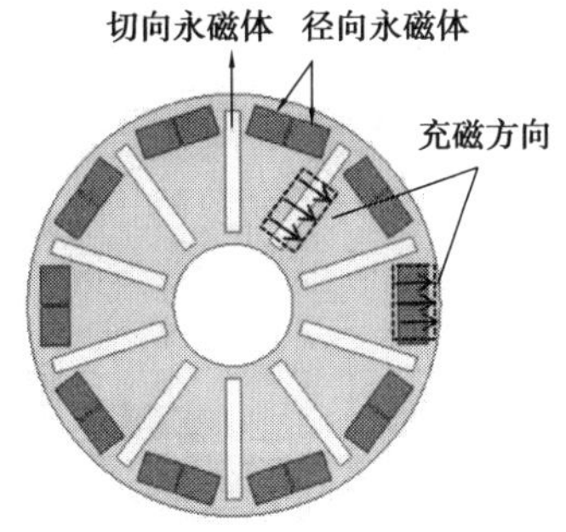

图 8.10　轴径向磁通混合励磁电机转子结构及永磁体充磁方向

混合励磁电机采用 10 极 12 槽结构,其部分参数如表 8.2 所示,电机额定频率为 20.83 Hz,额定转速为 250 r/min,定子绕组采用 Y 连接方式。

表 8.2　电机基本参数

参数	数值	参数	数值
定子外径/mm	230	转子外径/mm	139
定子内径/mm	140	铁芯长度/mm	50

续表

参数	数值	参数	数值
定子槽数	12	并联支路数	1
极数	10	额定转速/($r\cdot min^{-1}$)	250

由于电机引入了轴向辅助电励磁磁势源,轴向磁势源产生的磁场与永磁体产生的磁场相互耦合,导致电机磁场分布情况较为复杂,必须建立三维电磁场计算模型进行分析。根据样机的结构及参数,建立轴径向磁通混合励磁同步电机三维有限元模型,如图 8.11 所示。从图中可以看出,轴径向磁通混合励磁电机主要分径向部分和轴向部分,径向部分类似于永磁电机。

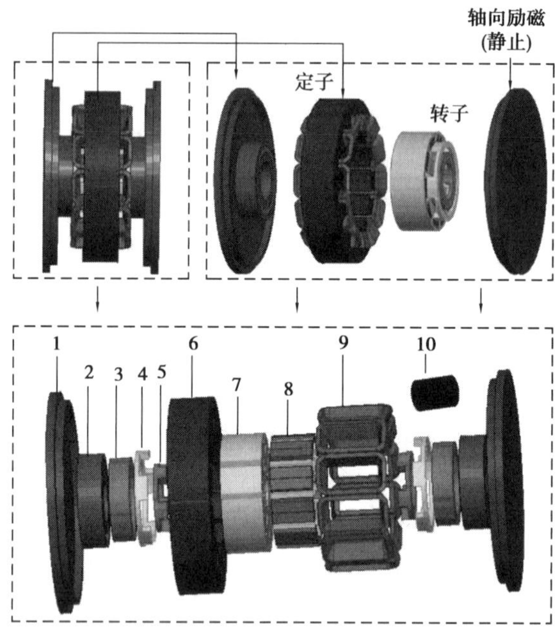

图 8.11　轴径向磁通混合励磁同步电机结构

1—导磁端盖;2—环形槽;3—轴向直流辅助励磁绕组;4—N 极导磁环;
5—S 极导磁环;6—定子铁芯;7—转子铁芯;8—永磁体;9—定子电枢绕组

为了使电机具有气隙磁场调节能力,电机端部设置有轴向直流辅助励磁绕组。通过改变轴向辅助励磁绕组的电流进而改变轴向励磁磁动势,该磁动势产生的磁通可以实现对径向主气隙磁场的调节控制。

轴向辅助励磁绕组嵌放在轴向导磁端盖的环形槽中。为了降低磁路的磁阻,还增加了 4 个导磁材料制成的导磁环(4、5),每个导磁环都具有 5 个凸出的轭部,轭部直接与转子铁芯 7 的轭部相连,随转子一起转动。端盖的环形槽与轴向导磁环之间的气隙称为轴向附加气隙。

8.2.2　轴径向磁通混合励磁电机工作原理

轴径向磁通混合励磁电机由于轴向励磁绕组及导磁环等部件的存在,电机磁路同时具有轴向磁路和径向磁路。径向磁路的磁通路径为:永磁体→转子→径向主气隙→定子→径向主气隙→转子→永磁体,其路径如图 8.12(a)线路所示。

当轴向励磁线圈没有电流通入时,永磁体产生的磁通也可以进入轴向磁路,该路径是:永磁体→转子→N 极导磁环→导磁端盖→S 极导磁环→转子→永磁体,该路径如图 8.12(b)线路所示。由此可见,转子永磁体产生的磁通一部分与定子没有交链,而是经过轴向磁路,形成漏磁,使电机处于弱磁状态。轴向磁路使电机处于弱磁状态被称为旁路作用。

当轴向辅助励磁绕组通入电流后,电机内的磁场变化更加复杂。为了便于分析,对轴向励磁电流的方向做出如下定义:使电机主气隙磁通降低的轴向电励磁磁势是负向励磁磁动势,产生负向磁动势的轴向辅助励磁电流是负向电流;反之,使电机主气隙磁通增加的轴向电励磁磁势为正向磁动势,产生正向磁动势的轴向辅助励磁电流为正向电流。

当轴向辅助励磁绕组通入负向电流时,轴向的磁通路径为:导磁端盖→轴向附加气隙→S 极导磁环→转子→气隙→定子→气隙→转子→N 极导磁环→轴向附加气隙→导磁端盖,如图 8.12(c)线路所示。该磁通在径向磁路中的分量方向与永磁体产生的主磁通的方向刚好相反,降低了电机径向主磁通。

轴向励磁绕组通入正向励磁电流后产生的磁通在径向磁路中的方向与轴向漏磁的方向相反,随着轴向磁动势逐渐增大,旁路效果越来越弱,轴向漏磁通逐渐减小,径向主磁通逐渐增大;当轴向励磁磁势产生的磁通完全抵消旁路作用后,随着轴向励磁电流的进一步增大,轴向磁通的路径为:导磁端盖→轴向气隙→N 极导磁环→转子→主气隙→定子→主气隙→转子→S 极导磁环→轴向气隙→导磁端盖,如图 8.12 的(d)线路所示,其方向与径向磁通相同,进一步使主磁通增大。

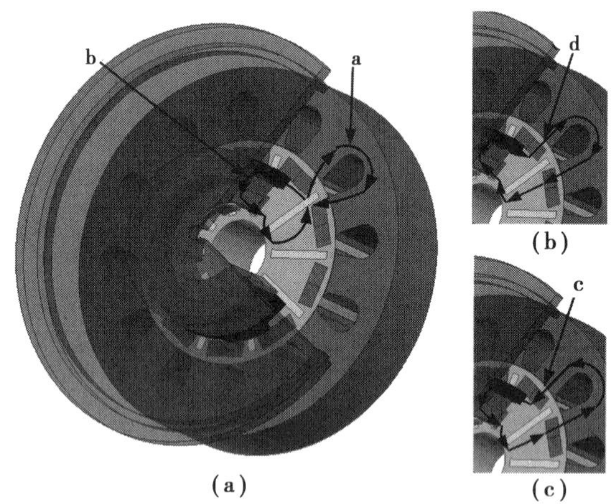

图 8.12　轴径向磁通混合励磁电机磁路图

8.2.3　轴径向磁通混合励磁电机调磁能力分析

在上述电磁场计算模型及有限元仿真的基础上对电机主气隙磁密进行分析,可以得到不同轴向励磁电流下轴径向磁通混合励磁电机空载运行时的气隙磁密。图 8.13 分别给出了轴向辅助励磁电流为 0 A、6 A 时,电机气隙磁密的波形图。其中,曲线 A 是轴向辅助励磁电流为 6 A 情况下电机的气隙磁密波形,曲线 B 是轴向电流 0 A 情况下电机气隙磁密波形。从图中可以看出,轴向电流为 6 A 时电机的整体气隙磁密明显高于轴向电流为 0 A 时的气隙磁密。

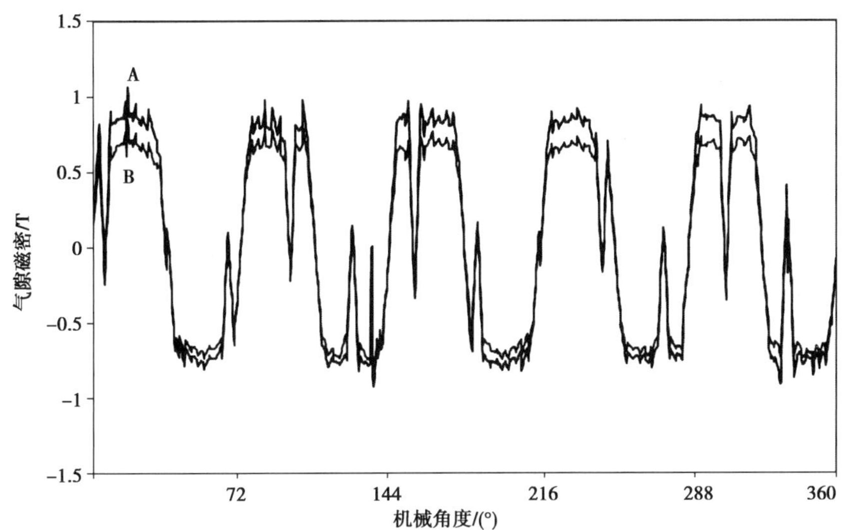

图8.13　不同轴向励磁电流下的气隙磁密波形

为了得到轴向辅助励磁电流对气隙磁场的具体影响规律,对所得到的气隙磁密波形进行傅里叶谐波分解,从而可以得到电机气隙磁密的基波幅值随轴向励磁电流的变化规律,如图8.14所示。从图中可以看出,随着轴向辅助励磁电流的增加,电机气隙磁密幅值逐渐上升。当轴向辅助励磁电流在-4 ~12 A变化时,电机的磁场从0.72 T变化到0.92 T,实现了电机基波有效磁通的调节。

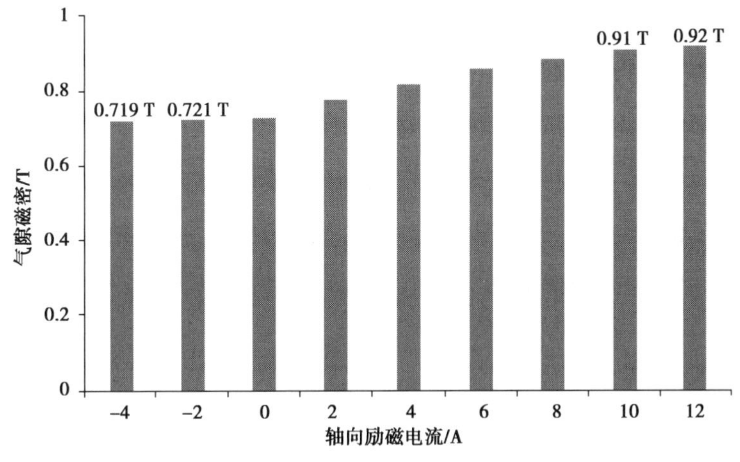

图8.14　电机气隙磁密变化情况

由8.2.2节分析可知,轴向辅助磁路的旁路效果使混合励磁电机处于弱磁状态。图 8.15 为轴向辅助励磁电流为 0 A 时,电机导磁环磁密的分布情况。此时,部分永磁体磁通以漏磁的形式通过轴向磁路,电机导磁环大部分区域已经接近饱和甚至达到饱和。当电机轴向绕组注入负向励磁电流时,负向电流产生的磁通方向与旁路作用的磁通方向相同,进一步增加了轴向导磁环的饱和程度。因此,随着负向励磁电流的增加,电机气隙磁密幅值变化很小。在图 8.14 中,当轴向辅助励磁电流在-4 ~0 A 变化时,气隙磁密幅值仅改变2%。轴向磁路的旁路效果决定了轴径向磁通混合励磁电机磁场调节范围的下限。

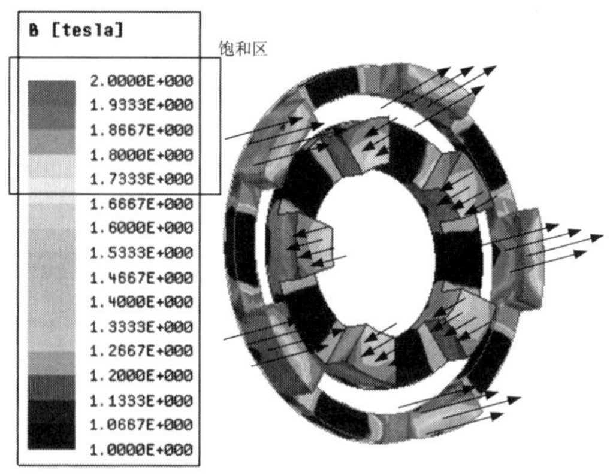

图 8.15 轴向励磁电流 0 A 时导磁环磁密分布

随着正向励磁电流的逐渐增加,旁路作用逐渐被削减,轴向导磁环的磁通方向改变,如图 8.16 所示。当正向励磁电流增加到一定程度后,完全克服了旁路作用,继续增大正向励磁电流,导磁环磁通方向反向,主磁通增加,导磁环及转子磁场开始饱和。饱和后即使再增大轴向励磁电流,气隙磁场也不会有明显的变化,如图 8.14 所示。当正向励磁电流达到 10 A 后,继续增加励磁电流,电机的气隙磁场变化幅度较小,增加到 12 A 时,磁密幅值仅变化 1.1%。

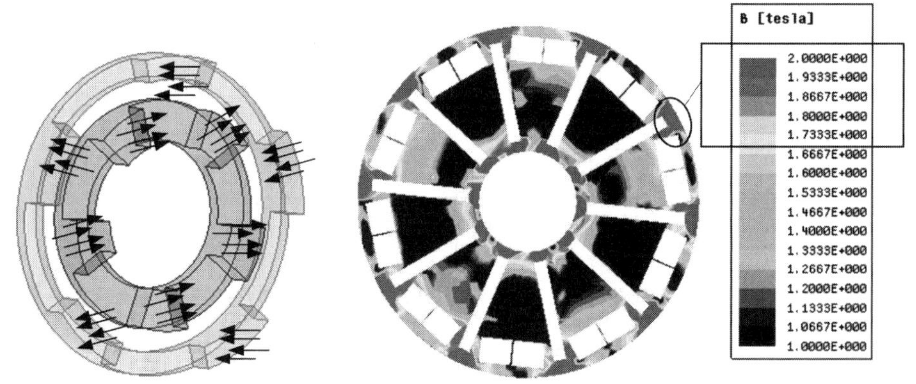

图 8.16　轴向励磁电流 12 A 时导磁环磁密图

8.3　轴径向磁通混合励磁电机调磁敏感因素分析

8.3.1　转子永磁体对电机调磁能力的影响

永磁体是轴径向磁通混合励磁电机的主励磁源,其性能参数和结构尺寸对电机的磁场都有直接的影响。永磁体的合理设计,不仅能够降低电机制造成本,还能在一定程度上提高电机的性能。

(1)永磁体性能对电机调磁能力的影响

剩磁和矫顽力是永磁体的重要性能参数。不同型号的永磁体剩磁、矫顽力不同,其性能、价格也存在差异。选用适当的永磁体对电机提高性能、降低成本具有重要意义。基于目前永磁体常用的型号 N30、N33、N35(参数见表 8.3),对电机使用不同永磁体时的调磁能力进行了数值计算及分析,研究了永磁体性能对轴径向磁通混合励磁电机气隙磁场调节能力的影响。

表 8.3　永磁体性能参数

	N30	N33	N35
剩磁/T	1.08	1.17	1.2
矫顽力/(A · m^{-1})	-780 000	-855 000	-890 000

基于三维时步有限元计算结果可以对使用不同类型永磁体的轴径向磁通混合励磁电机气隙磁场随轴向励磁电流的变化规律进行分析。表 8.4 给出了当轴向励磁电流在-12 A 到 12 A 变化时,电机气隙磁密基波幅值变化情况。为了便于衡量电机的调磁能力,定义在一定轴向励磁电流作用下电机最大气隙磁密基波幅值与最小气隙磁密基波幅值的比值为电机气隙磁场的调磁倍数,记为 K。

表 8.4　永磁体材料不同对电机调磁能力的影响

永磁体	调节范围	调节幅度	调磁倍数 K
N30	0.53 T ~ 0.78 T	0.25 T	1.49
N33	0.64 T ~ 0.86 T	0.22 T	1.36
N35	0.71 T ~ 0.92 T	0.21 T	1.30

随着永磁体性能的提高,永磁体产生的磁通越来越大,电机磁路越来越容易饱和。磁路一旦接近饱和或者饱和,轴向励磁磁势的改变对电机气隙磁场的影响变小,会限制气隙磁密的调节范围。因此,随着永磁体性能的提高,气隙磁密调磁倍数会逐渐减小,使用 N30、N33、N35 时调磁倍数分别为 1.49、1.36、1.30。

虽然使用性能较差的永磁体的电机气隙磁场调节能力较大,但气隙磁密偏低,无论轴向励磁电流如何变化,使用永磁体 N30 的轴径向磁通混合励磁同步电机气隙磁密不超过使用永磁体 N33 的 90.6%,不超过使用永磁体 N35 的 85.6%。

(2)切向永磁体尺寸对电机调磁能力的影响

轴径向磁通混合励磁同步电机转子采用混合磁极结构,同时具有径向永磁体和切向永磁体,如图 8.17 所示。基于电机三维时步有限元计算结果,对切向永磁体厚度分别为 5 mm、6 mm、7 mm 时电机的调磁能力进行研究,其调磁变化规律如图 8.18 所示。

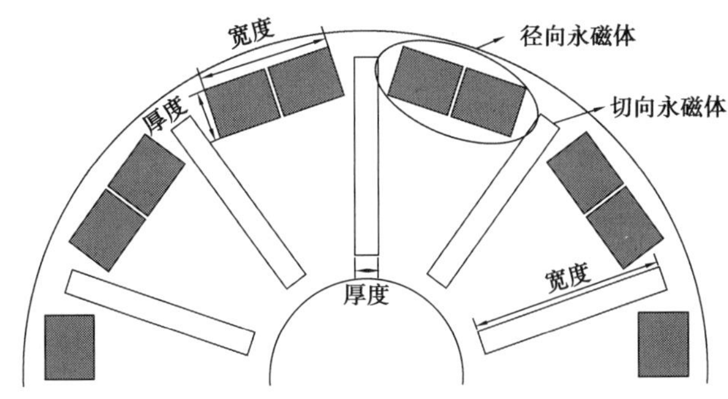

图 8.17　电机转子混合磁极结构

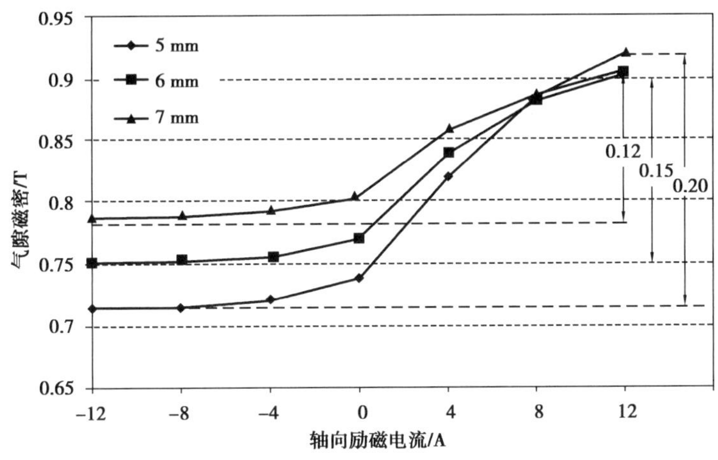

图 8.18　不同切向永磁体厚度下电机调磁曲线

永磁体厚度直接影响了电机内的磁场强度。以轴向励磁电流 0 A 为例,永磁体厚度为 7 mm 的电机气隙磁密基波幅值为 0.80 T;永磁体厚度为 6 mm 的电机气隙磁密基波幅值为 0.77 T;永磁体厚度为 5 mm 的电机气隙磁密基波幅值为 0.74 T。根据之前章节分析,由于磁路饱和的缘故,在通入负向励磁电流时,电机气隙磁密变化不大,因此厚度小的永磁体其电机磁密下限值更小。

另一方面,随着永磁体厚度的增加,永磁体励磁磁势增大,旁路作用明显,则抵消旁路轴向磁通所需的电励磁磁势也比较大。随着轴向正向励磁电流的增大,使用厚度较小永磁体的电机,其电励磁磁通率先开始提供径向气隙磁通,气隙磁密逐渐超过厚度较大的永磁体。

定义电机在一定轴向励磁电流下磁场的最大值与最小值的差值为调磁宽度。从图 8.18 可知,切向永磁体厚度为 5 mm、6 mm、7 mm 时,电机调磁宽度分别为 0.2 T、0.15 T、0.12 T。随着永磁体厚度的增加,气隙磁场调节范围减小。

在上述分析的基础上,进一步研究了切向永磁体宽度对电机磁场调节能力的影响。保持切向永磁体厚度不变,对切向永磁体不同宽度下混合励磁电机的调磁能力进行分析,图 8.19 给出了不同切向永磁体宽度时电机气隙磁密随轴向励磁电流的变化情况。

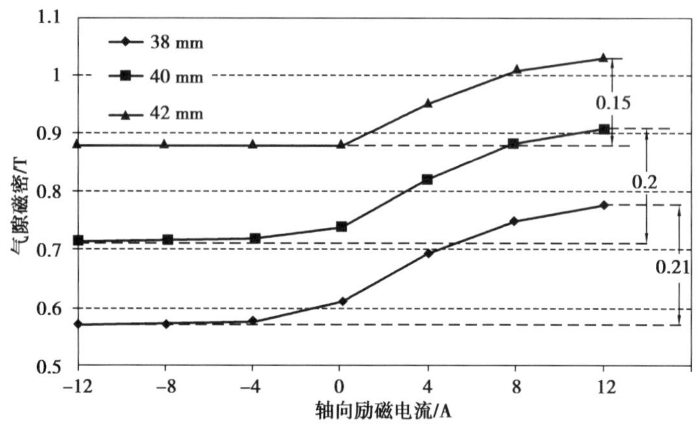

图 8.19　电机调磁性能随切向永磁体宽度的变化情况

从图 8.19 中可以明显看出,随着切向永磁体宽度的增加,电机的气隙磁密显著提高。一方面,永磁体使用量增大,增加了永磁体励磁效果;另一方面,切向永磁体的增加在一定程度上可以降低一部分极间漏磁,如图 8.20 所示。由于气隙磁密的提高,磁路更易饱和,气隙磁密调节能力下降,因此随着切向永磁体宽度的增加,电机的调磁宽度减小。

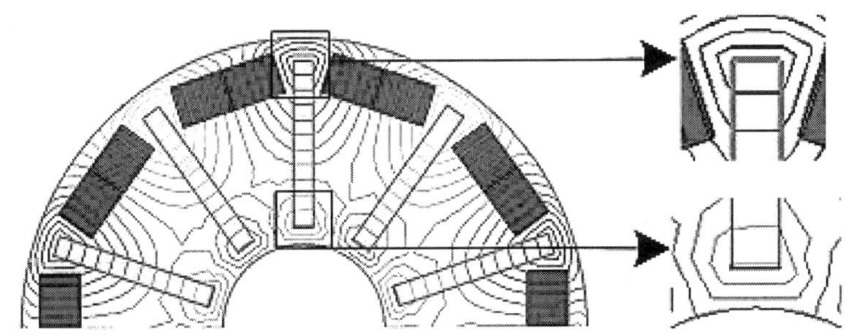

图 8.20　混合励磁电机转子漏磁分布

(3)径向永磁体尺寸对电机调磁能力的影响

在切向永磁体尺寸不变的基础上，进一步研究了径向永磁体尺寸对电机调磁能力的影响。基于有限元计算结果，给出径向永磁体厚度不同时电机气隙磁密幅值的变化情况，如图 8.21 所示。

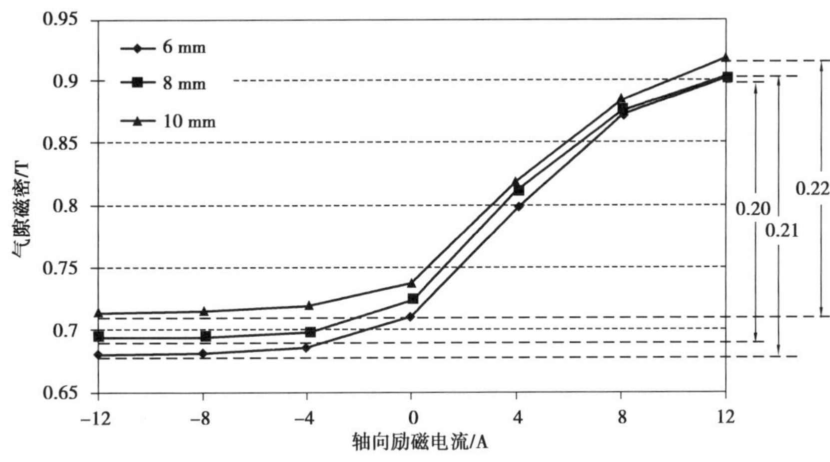

图 8.21　径向永磁体厚度不同对电机调磁能力的影响

通常情况下，永磁体厚度越小，电机气隙磁密越小，但是随着径向永磁体厚度的减小，其在磁路中的磁阻减小，电机气隙磁密随轴向励磁电流的变化较为明显，从图 8.21 可以看出，径向永磁体宽度为 6 mm 时的调磁宽度比 10 mm 时增加了 10%。

在径向永磁体厚度不变的条件下，研究了径向永磁体宽度不同对电机调磁能力的影响。当径向永磁体宽度分别为 10 mm、14 mm、22 mm、26 mm 时，电机气隙磁密基波幅值随轴向励磁电流的变化如图 8.22 所示。

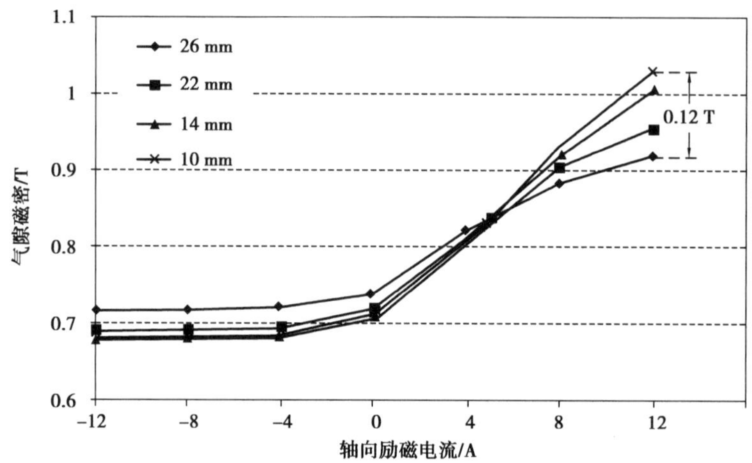

图 8.22　不同径向永磁体宽度下电机调磁能力变化

在无轴向励磁电流或通入负向励磁电流的情况下，径向永磁体宽度越大，气隙磁密越大。随着轴向励磁电流的正向增加，轴向励磁绕组产生的磁通使轴向漏磁逐渐减小，继续正向增加轴向励磁电流，轴向磁通开始向主气隙提供磁通，增强气隙磁场。

降低径向永磁体宽度，能够使转子磁路磁阻降低。径向永磁体宽度越小，电机调磁性能越好。永磁体宽度 26 mm 时电机的调磁宽度为 0. 204 T，永磁体宽度 10 mm 时电机的调磁宽度为 0. 351 T，调磁范围扩大了 72%。

8.3.2　轴向磁路对电机调磁能力的影响

在轴径向磁通混合励磁电机中，轴向磁路的存在使电机的磁场变得更加复杂，而且其结构尺寸及材料的变化对电机的影响也各不相同，因此研究轴向磁路对电机调磁能力的影响很有必要。

(1)轴向附加气隙对调磁能力的影响

定转子之间的气隙称为主气隙,即径向气隙;而对于轴径向磁通混合励磁电机,除了主气隙还有轴向附加气隙(端盖与导磁环之间的气隙),如图 8.23 所示。主气隙和轴向附加气隙作为磁通的必经路径,对电机内磁场分布有着重要影响。主气隙对电机性能的影响已被各国学者进行了大量的研究,不再深入分析。对于轴向附加气隙对电机调磁性能的影响,图 8.24 给出了不同轴向气隙长度下电机磁密随轴向励磁电流的变化曲线。

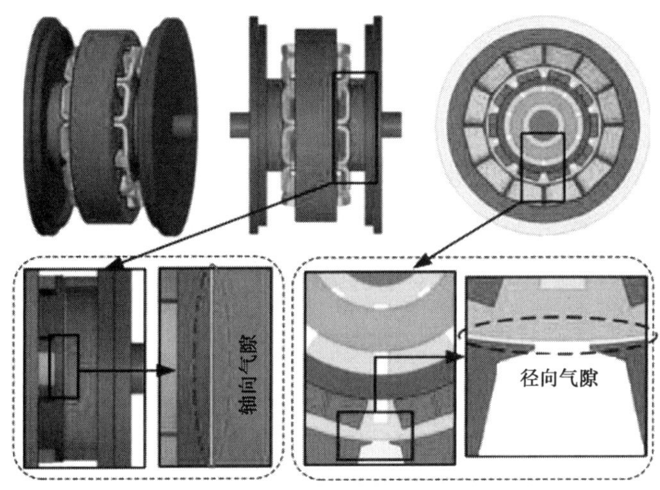

图 8.23　混合励磁电机径向气隙与轴向附加气隙

由图 8.24 可知,轴向励磁电流为 0 A 时,轴向附加气隙越小,主气隙磁密越弱,这是因为轴向附加气隙减小,轴向附加磁阻减小,电机的旁路作用随之增强,永磁体轴向漏磁增大。旁路作用越强,0 A 时导磁环更饱和。

通入负向励磁电流的情况下,受导磁环饱和影响,弱磁调节能力较弱。负向励磁电流超过 8 A,导磁环饱和程度达到最高,气隙磁密基本不变。

当正向励磁电流小于 4 A 时,因为旁路作用,轴向附加气隙越小,电机的主气隙磁密越小;超过 4 A 时,轴向磁通作用明显,而且轴向气隙长度越小,调磁范围越大。轴向气隙为 0.5 mm 时的主气隙磁通最大,调磁范围达到 0.204 T。

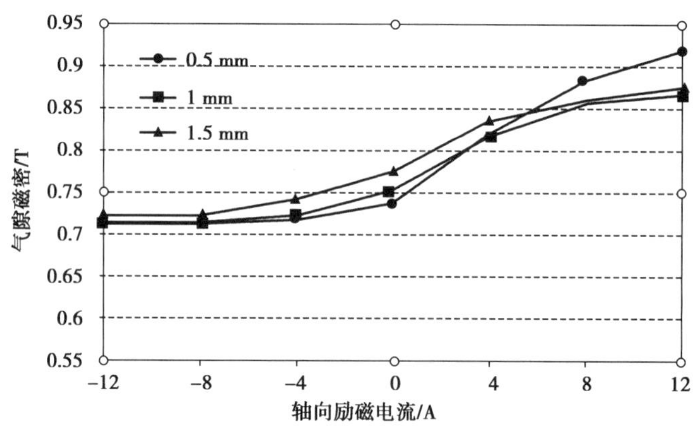

图 8.24　轴向附加气隙长度对电机调磁能力的影响

(2)导磁环材料对调磁能力的影响

轴径向磁通混合励磁电机具有调节气隙磁场能力,然而根据前文分析可知受轴向磁路饱和因素影响,气隙磁场的调节能力受到限制。作为轴向磁路的关键部件,导磁环材料的饱和程度对电机调磁能力具有重要影响。本节分别采用饱和点为 2.48 T 铁钒钴合金 1J22 和饱和点为 2T 钨钢 M20 作为轴向导磁环材料,研究了不同轴向导磁环材料对电机气隙磁密的影响,电机主气隙磁密随轴向励磁电流的变化曲线如图 8.25 所示。

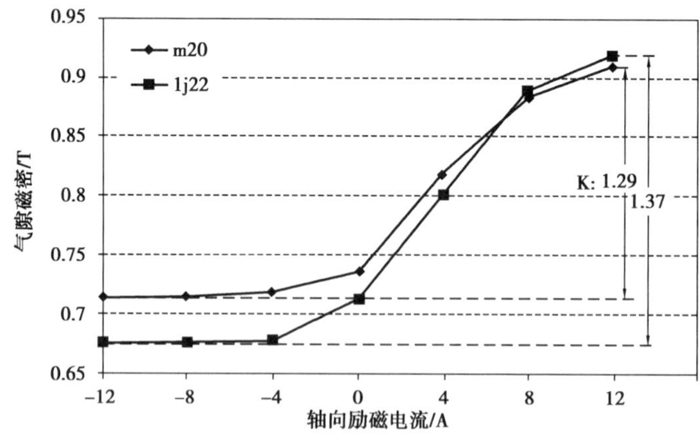

图 8.25　轴向导磁环材料对电机调磁能力的影响

由图 8.25 可以看出,在通入负向励磁电流时,两种材料的电机主气隙磁密变化都很小,通入正向励磁电流之后增长速度较快。但是由于这两种材料的饱和点不同,轴向励磁电流的变化情况也不相同。

通入负向电流时,饱和点较高的 1J22 能通过更多磁通,轴向漏磁较大,此时电机主气隙磁密较小。通入正向电流时,M20 电机磁路先达到饱和,继续增加轴向励磁电流对磁场的调节作用减弱,最终调磁倍数为 1.29;采用 1J22 磁路饱和点较高,调磁能力较强,调磁倍数为 1.37。

8.3.3　转子磁极结构对电机调磁能力的影响

转子的磁极结构决定了电机的磁路形式,对电机的调磁性能也有重要影响,针对两种较常见的转子磁极结构(图 8.26),基于数值计算结果,表 8.5 给出了不同转子磁极结构下轴径向磁通混合励磁电机磁场调节情况。

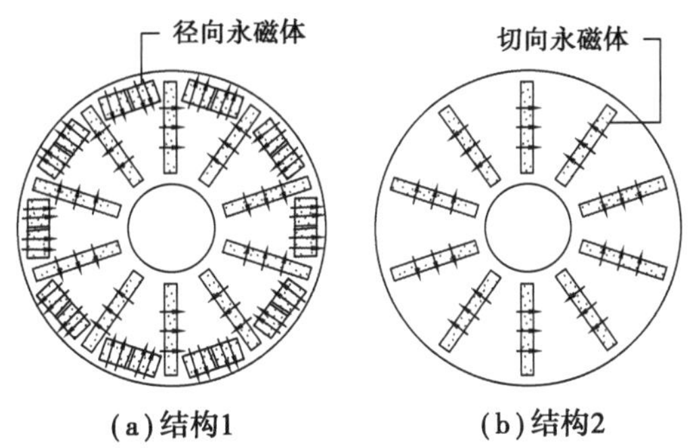

图 8.26　混合励磁电机转子拓扑结构

表 8.5　不同转子磁极结构下轴径向磁通混合励磁电机磁场调节情况

I/A	−12	−8	−4	0	4	8	12	K
电机 1	0.714 T	0.715 T	0.719 T	0.736 T	0.819 T	0.884 T	0.918 T	1.29
电机 2	0.671 T	0.678 T	0.682 T	0.704 T	0.806 T	0.936 T	1.027 T	1.53

当轴向通入负向励磁电流或较小正向电流时,由于结构 1 的永磁体用量多,永磁体励磁磁动势较大,所以结构 1 的主气隙磁密整体大于结构 2 主气隙

磁密。当轴向通入较大的正向励磁电流时,结构 1 的转子磁密更容易达到饱和,所以采用结构 1 形式的混合励磁电机其增磁能力较弱。从表 8.5 中可以看出,当电机轴向励磁电流在-12 A 到 12 A 变化时,采用磁极结构 2 的电机在磁场调节能力方面明显优于磁极结构 1,采用转子磁极结构 1 的混合励磁电机调节倍数为 1.29,采用转子磁极结构 2 的电机调节倍数可达到 1.53。

8.3.4 极间漏磁对电机调磁能力的影响

轴径向磁通混合励磁电机转子磁极结构为混合磁极形式,转子磁极之间不可避免地形成极间漏磁。为了分析轴径向磁通混合励磁电机的漏磁,图 8.27(a)给出了轴向磁动势为 0 AT 时转子的磁密分布。从图中可以看出,转子结构在切向永磁体两端存在较大的漏磁,导致切向永磁体两端磁通饱和。为了降低转子漏磁,采用了非铁磁材料制成的隔磁桥代替轴径向磁通混合励磁电机切向永磁体端部的转子材料(图 8.28),该结构转子表面安装有金属或者碳纤维护套。优化后的磁通密度分布如图 8.27(b)所示,此时切向永磁体靠近定子侧的磁密明显降低,永磁体的极间漏磁明显减少,在一定程度上提高了永磁体的利用率。

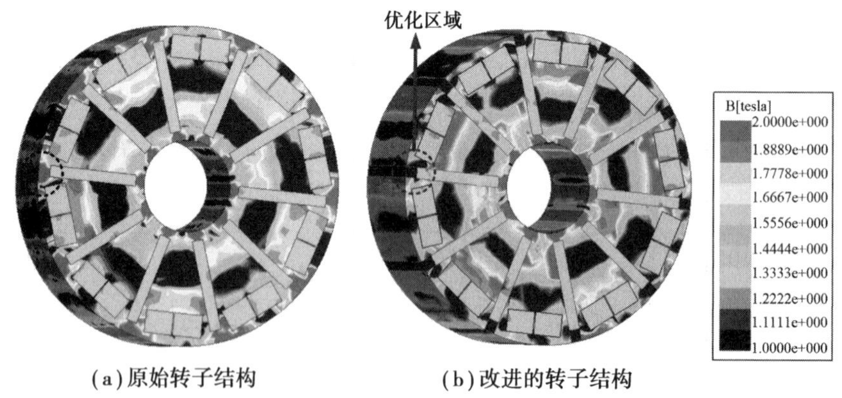

(a)原始转子结构　　(b)改进的转子结构

图 8.27　励磁磁势为 0 AT 时的转子磁密分布

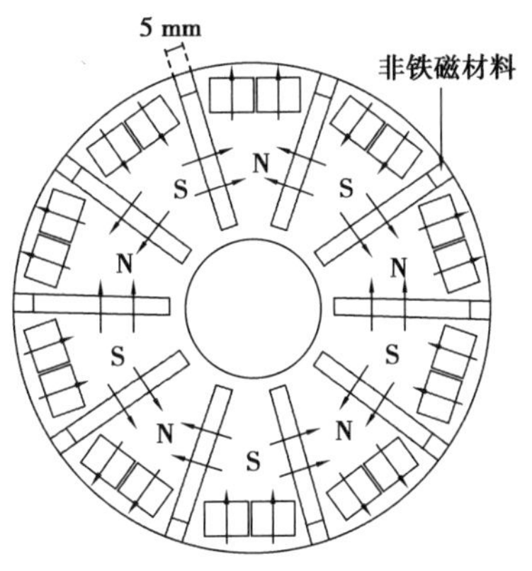

图8.28　漏磁优化方案

为了验证优化前后电机磁通调节能力的变化，基于有限元数值计算结果，图8.29给出了转子磁极结构优化前后不同轴向励磁电流下电机的气隙磁密和空载反电动势的变化情况。

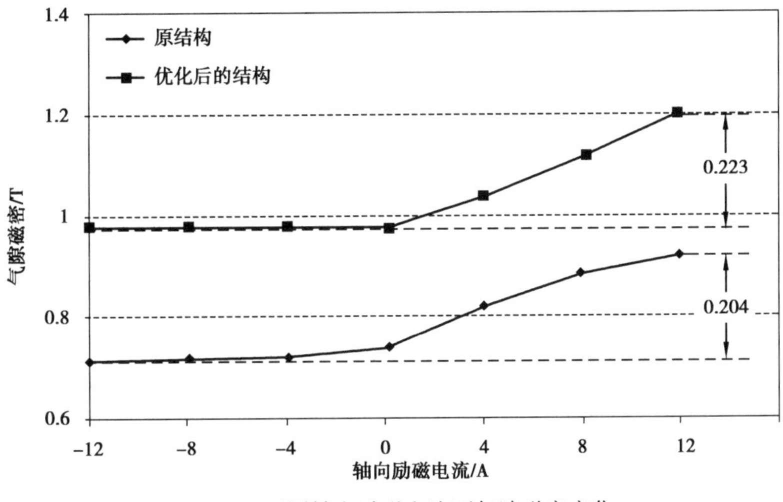

图8.29　不同轴向励磁电流下气隙磁密变化

从图8.29中可以看出，优化后磁通密度显著增加，在轴向磁动势为0 AT时，磁通密度增加了32%，有效提高了轴径向磁通混合励磁电机永磁体的利用率。随着轴向励磁电流从-12 A增加到12 A，原电机结构磁通的变化范围为0.204 T，而优化后电机的变化范围为0.223 T，相比于原电机的磁通变化范围增加了9.27%。

参考文献

[1] 汤蕴璆. 电机学[M]. 5 版. 北京:机械工业出版社,2014.

[2] 李发海. 电机学[M]. 4 版. 北京:科学出版社,2007.

[3] 戴庆忠. 电机史话[M]. 北京:清华大学出版社,2016.

[4] 王秀和. 电机学[M]. 3 版. 北京:机械工业出版社,2019.

[5] 潘再平. 电机学[M]. 杭州:浙江大学出版社,2008.

[6] 买买提明·艾尼. ANSYS Workbench18.0 高阶应用与实例解析[M]. 3 版. 北京:科学出版社,2021.

[7] 杨京山. ANSYS Workbench 结构分析与实例详解[M]. 成都:西南交通大学出版社,2021.

[8] 胡志强. 电机制造工艺学[M]. 北京:机械工业出版社,2011.

[9] 闵琳,权利,莫会成. 永磁材料和永磁电机[J]. 电气技术,2006(07):14-20.

[10] 吴恒颛. 电机常用材料手册[M]. 西安:陕西科学技术出版社,2001.

[11] 王昌国. 风力发电设备制造工艺[M]. 北京:化学工业出版社,2013.

[12] 赵博. Ansoft12 在工程电磁场中的应用[M]. 北京:中国水利水电出版

社,2010.

[13] 陈世坤. 电机设计[M]. 2 版. 北京:机械工业出版社,2000.

[14] 辜承林. 电机学[M]. 3 版. 武汉:华中科技大学出版社,2005.

[15] 陈季权. 电机学[M]. 北京:中国电力出版社,2008.

[16] 孙旭东. 电机学[M]. 北京:清华大学出版社,2006.

[17] 王胜永. ANSYS 有限元理论及基础应用[M]. 北京:机械工业出版社,2020.

[18] 王秀和. 永磁电机[M]. 2 版. 北京:中国电力出版社,2011.

[19] 唐任远. 现代永磁电机理论与设计[M]. 北京:机械工业出版社,2010.

[20] 张朝会. 混合励磁电机的结构及原理[M]. 北京:科学出版社,2016.

[21] 段世英. 分数槽集中绕组永磁同步电机的若干问题研究[D]. 华中科技大学,2014.

[22] Luming Cheng, Mingqiao Wang, Ping Zheng, et al. Improvement of a Hybrid-PM Interior-PMSM with Six-Phase FSCW for EV Application [C]// 2018 21st International Conference on Electrical Machines and Systems (ICEMS), 2018:425-429.

[23] Choi G, Jahns T M. Reduction of Eddy-Current Losses in Fractional-Slot Concentrated-Winding Synchronous PM Machines [J]. IEEE Transactions on Magnetics, 2016, 52(7):1-4.

[24] Alberti L, Bianchi N. Theory and Design of Fractional-Slot Multilayer Windings [J]. IEEE Transactions on Industry Applications, 2013, 49(2):841-849

[25] Durgesh Kumar Banchhor, Ashwin Dhabale. New Optimized Fractional Slot Concentrated Winding Design for MMF Harmonic Reduction [C]// 2020 IEEE First International Conference on Smart Technologies for Power, Energy and Control (STPEC), 2020:1-6.

[26] 罗宏浩,廖自力. 永磁电机齿槽转矩的谐波分析与最小化设计[J]. 电机与

控制学报,2010,14(4):36-40.

[27] 马隽. 三相异步起动永磁同步电动机的优化设计[D]. 浙江大学,2007.

[28] 何伟军. 大功率自起动永磁同步电动机设计[D]. 浙江大学,2008.

[29] 缪新明. 电机及其系统节能技术发展综述[J]. 企业导报,2014(21):46-47.

[30] 谭茀娃. 节能给电机行业带来的机遇[J]. 世界仪表与自动化,2006(8):24-26.

[31] 傅丰礼. 高效异步电动机国内外发展概况[J]. 大众用电,2006(4):19-21.

[32] Karady G, Holbert K. Electrical Energy Conversion and Transport: An Interactive Computer [M]// Electrical energy conversion and transport : an interactive computer-based approach. 2005:1-6.

[33] 黄坚,姚丙雷,顾德军. IE4 超超高效率电动机系列产品的开发[J]. 电机与控制应用,2018,45(02):56-61.

[34] Mingardi D, Bianchi N. Line Start PM-assisted Synchronous Motor Design, Optimization and Tests[J]. IEEE Transactions on Industrial Electronics. 2017,64(12):9739-9747.

[35] Aliabad A D, Ghoroghchian F. Design and Analysis of a Two-Speed Line Start Synchronous Motor: Scheme One [J]. IEEE Transactions on Energy Conversion. 2016,31(1):366-372.

[36] Sarani E, Vaez Zadeh S. Design Procedure and Optimal Guidelines for Overall Enhancement of Steady State and Transient Performances of Line Start Permanent Magnet Motors[J]. IEEE Transactions on Energy Conversion, 2017, 32(3):885-894.

[37] Knypinski L, Jedryczka C, Demenko A, In fluence of the shape of squirrel cage bars on the dimensions of permanent magnets in an optimized line-start permanent magnet synchronous motor[J]. COMPEL-The International Journal for

Computation and Mathematics in Electrical and Electronic Engineering. 2017, 36(1):298-308.

[38] Saha S, Cho Y H, Choi G D. Optimal Rotor Shape Design of LSPM with Efficiency and Power Factor Improvement using Response Surface Methodology [J]. IEEE Transactions on Magnetics. 2015, 51(11):1-4.

[39] Aliabad A D, Mirsalim M, Ershad N F. Line-Start Permanent-Magnet Motors: Significant Improvements in Starting Torque, Synchronization and Steady-State Performance[J]. IEEE Transactions on Magnetics. 2010, 46(12):4066-4072.

[40] Morimoto S. Trend of Permanent Magnet Synchronous Machines[J]. Ieej Transactions on Electrical & Electronic Engineering. 2010, 2(2):101-108.

[41] 王秀和. 异步起动永磁同步电动机:理论、设计与测试[M]. 北京:机械工业出版社,2009.

[42] Li W, Zhang X, Cheng S, et al. Thermal Optimization for a HSPMG Used for Distributed Generation Systems[J]. IEEE Transactions on Industrial Electronics, 2012, 60(2):474-482.

[43] Wang Y. Analysis of Effects of Three-Phase Voltage Unbalance on Induction Motors with Emphasis on the Angle of the Complex Voltage Unbalance Factor [J]. Power Engineering Review, IEEE, 2001, 21(9):61-61.

[44] Li W, Qiu H, Zhang X, et al. Influence of Rotor-Sleeve Electromagnetic Characteristics on High-Speed Permanent-Magnet Generator[J]. IEEE Transactions on Industrial Electronics, 2014, 61(6):3030-3037.

[45] Ni R, Gui X, Wang G, et al. Improvements in Permanent Magnet Synchronous Machines with Delta-Connected Winding[C]// Conference of the IEEE Industrial Electronics Society. IEEE, 2014:3837-3842.

[46] Gonzalez Cordoba J L, Osornio Rios R A, Granados Lieberman D, et al. Correlation model between voltage unbalance and mechanical overload based on

thermal effect at the induction motor stator[J]. IEEE Transactions on Energy Conversion,2017:1-6.

[47] Wang Y J. An Analytical Study on Steady-State Performance of an Induction Motor Connected to Unbalanced Three-Phase Voltage [C]// Power Engineering Society Winter Meeting,IEEE,2000. 10(1):159-164.

[48] Wang Y J. Analysis of Effects of Three-Phase Voltage Unbalance on Induction Motors with Emphasis on the Angle of the Complex Voltage Unbalance Factor [J]. Power Engineering Review,IEEE,2001,21(9):61-64.

[49] 张之超. 新能源汽车驱动电机与控制技术[M]. 北京:北京理工大学出版社,2016.

[50] L. Sun,Z. Zhang,L. Yu and X. Gu. Development and Analysis of a New Hybrid Excitation Brushless DC Generator With Flux Modulation Effect[J]. in IEEE Transactions on Industrial Electronics,2019,66(6):4189-4198.

[51] 张晓祥. 转子磁分路混合励磁驱动电机优化设计与研究[D]. 南京:南京航空航天大学,2017.

[52] 张卓然,王东,花为. 混合励磁电机结构原理、设计与运行控制技术综述及展望[J]. 中国电机工程学报,2020,40(24):1-17.

[53] Xiaogang L,Lipo T A. A synchronous/permanent magnet hybrid AC machine [J]. IEEE Transactions on Energy Conversion,2000,15(2):203-210.

[54] Q. Zhang, S. Huang and G. Xie. Design and Experimental Verification of Hybrid Excitation Machine With Isolated Magnetic Paths [J]. IEEE Transactions on Energy Conversion,2010,25(4):993-1000.

[55] 张琪,黄苏融,丁烜明,等. 独立磁路混合励磁电机的多领域仿真分析[J]. 机械工程学报,2010,46(06):8-15.

[56] Tapia J A,Leonardi F,Lipo T A. Consequent-Pole Permanent-Magnet Machine with Extended Field-Weakening Capability[J]. IEEE Transactions on Industry

Applications,2003,39(6):1704-1709.

[57] Lipo T A,Aydin M,Huang Surong. Field Controlled Axial Flux Disc Machine-Dual Stator Single Rotor Concept:US,0046124A1[P]. 2007.

[58] M. Olszewski. Interior Permanent Magnet Reluctance Machine with Brushless Field Excitation[R]. Oak Ridge National Laboratory,2005.

[59] M. Olszewski. 16000-rpm Interior Permanent Magnet Reluctance Machine with Brushless Field Excitation[R]. Oak Ridge National Laboratory,2007.

[60] Zhang Zhuoran,Yan Yangguang,Yang Shanshui,et al. Principle of Operation and Feature Investigation of a New Topology of Hybrid Excitation Synchronous Machine[J]. IEEE Transactions on Magnetics,2008,44(9):2174-2180.

[61] Liu Ye,Zhang Zhuoran,Zhang Xiaoxiang. Design and Optimization of Hybrid Excitation Synchronous Machines with Magnetic Shunting Rotor for Electric Vehicle Traction Applications [J]. IEEE Transactions on Industry Applications,2017,53(6):5252-5261.

[62] Kim Jong Myung,Jang Jae Young,Chung,Jaewon. A New Outer-Rotor Hybrid-Excited Flux-Switching Machine Employing the HTS Homopolar Topology[J]. Energies,2019,12(14):106-115.

[63] Chen J T,Zhu Z Q,Iwasaki S,et al. A Novel Hybrid-Excited Switched-Flux Brushless AC Machine for EV/HEV Applications[J]. IEEE Transactions on Vehicular Technology,2011,60(4):1365-1373.

[64] 朱孝勇,程明,花为,等. 新型混合励磁双凸极永磁电机磁场调节特性分析及实验研究[J]. 中国电机工程学报,2008(03):90-95.